经典战史回眸　兵器系列

凌云壮志

F-14 "雄猫" 战机传奇

彭俊　耿志云　著

武汉大学出版社
WUHAN UNIVERSITY PRESS

图书在版编目(CIP)数据

凌云壮志:F－14"雄猫"战机传奇/彭俊,耿志云著.—武汉:武汉大学出版社,2013.4
经典战史回眸·兵器系列
ISBN 978-7-307-10589-8

Ⅰ.凌… Ⅱ.①彭… ②耿… Ⅲ.歼击机—介绍—美国 Ⅳ.E926.31

中国版本图书馆 CIP 数据核字(2013)第 056489 号

本书原由知兵堂出版社以繁体字出版。
经由知兵堂出版社授权本社在中国大陆地区出版并发行简体字版。

责任编辑:王军风　　责任校对:黄添生　　版式设计:马　佳

出版发行:**武汉大学出版社**　　(430072　武昌　珞珈山)
（电子邮件:cbs22@whu.edu.cn　网址:www.wdp.com.cn)
印刷:湖北恒泰印务有限公司
开本:720×1000　1/16　印张:19.5　字数:371 千字
版次:2013 年 4 月第 1 版　　2013 年 4 月第 1 次印刷
ISBN 978-7-307-10589-8/E·62　　定价:56.00 元

版权所有,不得翻印;凡购我社的图书,如有质量问题,请与当地图书销售部门联系调换。

前 言

很久很久以前，大自然母亲为鸟儿准备了可变后掠的翅膀。从此以后，鸟儿在它的帮助下就能够自由地在天空中飞翔，可以进行快速的转弯，可以进行节省能量的滑翔，可以进行高速的俯冲，可以进行短距离的降落。

可变后掠翼是上天的恩赐，是大自然最伟大的杰作。我们可以这样设想，如果鸟儿长的是一对固定翼那会是怎样的一种情景：

它将变得更重；
它需要消耗更多的食物；
它将要费好大的劲才能转弯；
它将飞不远；
它降落时的速度会非常快；
它需要一个更大的巢来栖身。

必须承认的是，我们"雄猫"的可变后掠翼是对鸟儿的完全复制，我们只是希望大自然母亲能够理解这种复制是对大自然神奇力量的真诚赞美。

我们认为，可变后掠翼是天生为鸟儿准备的！

——格鲁曼

1970年12月21日的午后，美国纽约长岛格鲁曼公司卡维顿试飞基地，一架体形庞大的战斗机缓缓地在飞行跑道上开始发动起来。是的，它就是格鲁曼公司的杰作——F-14"雄猫"重型舰载战斗机，日后成为了可变后掠翼战斗机设计的经典。在格鲁曼公司首席试飞员鲍伯·史密斯和专案试飞员威廉·米勒的共同驾驶下，F-14战斗机在太阳落山之前进行了约半个小时的首次空中飞行测试，然后平稳地降落在跑道上。这次成功的试飞标志着F-14

凌云壮志　F-14"雄猫"战机传奇

专案开始全面实施，同时也标志着美国海军航空兵一个长达三十余年的"雄猫"时代的开始。

在F-14"雄猫"战斗机问世的那个时代，它是世界上拥有最先进的气动布局、拥有最强劲的雷达射控系统、拥有最强大的武器系统的"超级战斗机"，在很长的一段时间里几乎没有一个"像样的对手"能挑战其地位。即使是到了最后的岁月，F-14"雄猫"战斗机被F/A-18E/F"超级大黄蜂"战斗机所取代，也并不是因为"技不如人"，而是在新的世界格局之下美国军队的作战思想相对于冷战时期已经发生了翻天覆地的变化，而作为冷战产物的F-14也已经没有了存在下去的必要。

作为第三代战斗机中最早投入使用的"雄猫"，第一个走下历史舞台也没有什么可丢脸的，相反它像一个武林高手，闯荡江湖多年却最终孤独求败。跟前几代战斗机相比，性能上的不足反而并不是其退役的最主要因素，直到现在也没有多少竞争对手敢说对F-14占有明显优势。无论是反对还是支持"超级大黄蜂"的人，相信都不会否认这样一个事实，"雄猫"可能是最好的舰载战斗机。而拥有F-14的时代，美国航母战斗群可能是最令人望而生畏的。

在F-14"雄猫"战斗机退役之际，为了向这一伟大的人类智慧的创造物致敬，"F-14主题中文站"（www.Tomcat521.com）聚集数十位资深"猫迷"耗费近一年的时间撰写完成了本书。在我们的眼中，F-14已经不再单纯只是一种战争工具，而是深化成了一种战斗机文化，相信读者阅读完本书后一定会产生和我们一样的感受。

彭俊
2006年7月于华工园

目　录

第一章　F-14"雄猫"发展史 ························· **001**

第二章　F-14"雄猫"作战史 ························· **069**

第三章　F-14"雄猫"中队史 ························· **131**

附录一：格鲁曼的"猫群"——格鲁曼航空工业公司简介 ········ **249**

附录二：与F-14相关的机构 ························· **255**

附录三：F-14涂装欣赏 ···························· **260**

附录四：F-14诙谐布章赏 ·························· **269**

附录五：戏里戏外话"雄猫" ························ **272**

附录六：F-14常见问题Q&A ························· **287**

第一章　F-14"雄猫"发展史

诞生背景

冷战之初美国为了对抗当时苏联发展日益强大的反舰攻击威胁，并结合本身对于未来防空作战需要的评估，美国海军在1955年的一项舰队防空拦截机需求案中提出了新的舰队防空作战构想：为航空母舰舰载机编队，配备大量具有多目标探测与追踪能力的长程重型舰载战斗机以及长程空对空导弹，可以在距离舰队200海里（约370公里）外的空域巡航，以构成第一层舰队防空火力网。

美国麦道公司研制的F-4"鬼怪II式"战斗机即是上述舰队防空思想的最初产物，

凌云壮志　F-14"雄猫"战机传奇

它于1962年开始服役,配备有AIM-7"麻雀"半主动雷达制导中程空对空导弹,续航时间长达3小时。此时,苏联海军的远洋作战能力也逐渐成形,而其所拥有的长程战略轰炸机和空射型远距反舰导弹的数量也越来越多,这样一来美国航空母舰战斗群的优势就受到了前所未有的挑战。按照美国海军的设想,F-4要担负起拦截苏联长程轰炸机的任务,在其对己方舰只发射反舰导弹之前将其击落,或用导弹将已发射的反舰导弹击落。

但"多用途"的F-4并不具有完成上述作战构想的能力,于是美国各大军火制造商开始竞相研制新型舰载机和长程空对空导弹。其中,道格拉斯飞机公司的F6D"导弹手"战斗机和其配备的AAM-N-10"苍鹰"长程空对空导弹最具实力。F6D为亚音速双发舰载战斗机,装备有高性能的雷达射控系统以及"苍鹰"式空对空导弹,而且还具有长达4小时以上的滞空作战时间。相对于中规中矩的F6D战斗机来说,AAM-N-10导弹则可以称得上是划时代的技术集大成者,它的最大速度为4马赫,最大射程也超过了200公里,装备的脉冲多普勒雷达在最后一段的十余公里具有"主动归向导航"(Active Homing Guidance)能力。

由于F6D的爬升性能和最大速度比不上F-4而被淘汰,前者在美国海军眼里最多只能算是一个超级的空中导弹发射载具而已。就这样F6D和AAM-N-10导弹都未能投入生产,但它们所使用的多项技术后来都用在了F-14"雄猫"战斗机和AIM-54"不死鸟"长程空对空导弹上。

■F-14全尺寸模型。

第一章 F-14"雄猫"发展史

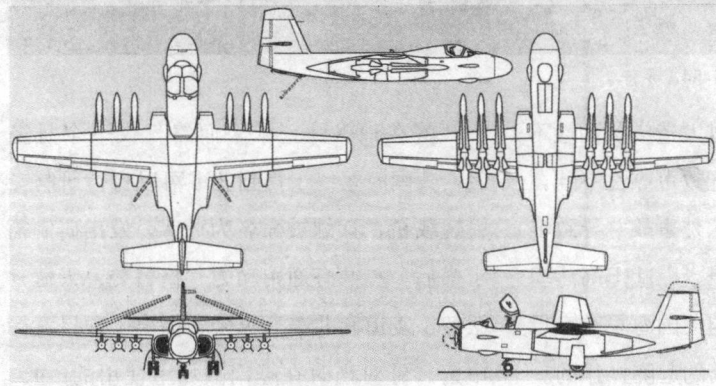

■F6D"导弹手"战斗机设想图和线图。

重型可变后掠翼多用途战斗机,这就是著名的"TFX计划"(Tactical Fighter Experimental,实验性战术战斗机)。在该计划中新型战斗机的代号是F-111,其中空军型为F-111A,海军型则是F-111B。美国海军将F-111B定位为F-4的后继机型,即可执行舰队防空、护航、空优等任务。不过由于TFX计划是由美国空军所主导的,就必将造成美国海军的作战需求不可能在它上面得到完全的实现,这为日后海军的黯然退出埋下了伏笔。

就在F6D战斗机研制计划搁浅之后,当时的美国国防部长麦克拉马拉基于海、空军共享F-4"鬼怪II式"战斗机所取得的宝贵经验,要求上述两个军种联合研制一种

F-111B于1965年5月18日试飞成功,但其表现出来的性能让美国海军大失所望。例如F-111B的许多操控设计都不能适应舰载作

■中途夭折的F-111B。

凌云壮志　　F-14"雄猫"战机传奇

■F-111B机翼挂架下的XAIM-54A导弹。

战环境的需要,加上重量过大造成机动性不足和过于复杂的系统组成导致可靠性不佳,在试飞过程中发生了多次意外事故并导致多名试飞员殉职。更重要的是,F-111B高达32吨的机体重量在当时现役的美国海军航空母舰甲板上是不可能进行频繁的起降操作的。由于重量太重,F-111B被海军试飞员们称作"海猪"(Sea Pig)。

所谓"妥协与折中所孕育出来的东西往往都不能长久",美国国会在1968年5月决定中止TFX计划。尽管F-111B战斗机来也匆匆,去也匆匆,但它沿袭F6D和"苍鹰"式空对空导弹的技术而发展出来的AN/AWG-9射控雷达和AIM-54"不死鸟"长程空对空导弹仍然被获准继续研制,以保障可以装备到未来的新型舰载战斗机上面。后来的事实证明,这是一项极具远见的决定,并最终打造出了一款驰骋蓝天三十年的"无敌战斗机"。

就在TFX计划未果而终仅仅一个月之后,美国海军终于得到获准可以自行研制专用舰载机,计划被命名为VFX。发出研制需求书后,总共有通用动力、格鲁曼、天寇－沃特、麦道和北美五家公司提出了项目竞标申请。针对当时在越南战场上使用的F-4、F-8战斗机暴露出来的诸多缺点,海军方面要求各竞标厂商提出一种双发双座重型舰载战斗机的设计。

根据越战中获得的经验教训,新型战斗机应能够达到2.2马赫的速度,能够在距离舰队240公里外进行"战斗空域巡航"(Combat Air Patrol,CAP)任务2个小时以上,遇到敌机可开后燃器作战2分钟,但是它的载油量要能够对离岸800公里的航空母舰进行有效的护航。装备能够同时搜索和追踪目标的雷达,各种射程的空对空导弹(包括挂载6枚新研制的AIM-54空对空导弹)和一门M61A1机炮(没有机炮的F-4在越南战

第一章 F-14"雄猫"发展史

■北美公司为竞争VFX而提出的方案。

■沃特公司为竞争VFX而提出的方案。

场上吃亏不少),甚至还要能携带6800公斤的炸弹执行地面攻击任务。此外,新型战斗机还应具备适于在航母上起降、着舰速度小等特点。

最终格鲁曼飞机公司的设计方案在众多竞争对手中脱颖而出,于1969年1月被美国海军选中。一直以来格鲁曼公司就与美国海军有着良好的合作关系,前面提到的F-111B战斗机的主承包商虽然是通用动力公司,但格鲁曼公司则是次承包商,研发过程中积累了不少实际经验和技术。另外,美国海军似乎很早就预见到了由美国空军主导的F-111性能会向空军一边倒,从1965年10月便开始资助格鲁曼公司进行新型战斗机的研究,尤其是在进气道和弹射座椅方面都取得了一定的技术突破,而这些技术后来都应用到了VFX计划之中。

在获得美国海军的合同之后,格鲁曼

005

凌云壮志 F-14"雄猫"战机传奇

■部分303方案模型。

公司对初期研发阶段设计的6000种以上的设计方案进行遴选，从中总计制造了2000个左右的气动力模型，光是各种进气道和发动机喷嘴的设计组合就有大约400个。此外，这些模型还累计进行了超过9000小时的风洞实验。最终格鲁曼公司向海军提供了303系列设计方案，共提出了8种气动力外型：

★303-60：该设计方案于1967年首次提出，采用可变后掠上单翼、吊舱式发动机以及类似F-111的大型单垂尾布局，可在机腹和进气道下方挂载6枚AIM-54。美国海军审核了303-60后觉得很有发展潜力，于是赋予其VFX-1的代号，参加了VFX计划的竞标。

★303A：与303-60的基本构型相同，只是对发动机舱进行了修改。

★303B：是对303A的进一步改进设计，整体构型与303-60相同。

★303C：采用可变后掠上单翼、嵌入式发动机和双垂尾布局，也可在机腹和进气道下方挂载6枚AIM-54，但挂载方式与303-60的不同。303C的设计缺陷为超音速作战时的升限较低。

★303D：采用可变后掠下单翼、嵌入式发动机和小型双垂尾布局，可在机腹和机翼翼套下方挂载6枚AIM-54。303D的纵向稳定性不佳。

★303E：由303A和303B演化而来的设计，采用相同的可变后掠上单翼和吊舱式发动机布局，但改用较小的单垂尾和重新设

■单垂尾的303E方案。

第一章 F-14"雄猫"发展史

计的座舱,机腹下方最多只能挂载4枚AIM-54。303E与303C/D是平行设计发展的,1968年6月完成。

★303F:这是8种气动外型中唯一一种采用固定翼的方案,使用类似F-4战斗机的机翼,但改为上单翼构型,并配置嵌入式发动机和双垂尾,机腹下方可挂载6枚AIM-54。为了获得与可变掠翼相同的升力,其翼面积大幅增加,但飞机重量也相应地节节攀升。

★303G:是303E方案简化航电系统而推出的简化设计,其整体机型设计与303E相当,但在尺寸上略有缩减。此外,303G不具备发射AIM-54导弹的能力。简化后的303G虽然重量上有所减轻,但在加速性、升限等方面的增加却十分有限。

上述方案基本上都沿袭了F-111的发展方向,并采用其上已经发展的比较完备的武器控制系统、雷达和发动机等设备。需要注意的是,这些方案中就有7种采用了可变后掠翼的设计,难道这仅仅只是个巧合吗?为了满足新型战斗机高速拦截能力、长巡航时间和大载重安全着舰等近乎苛刻的技术要求,设想一下如果采用固定翼气动力布局将会是一个什么样的结果:为了满足大载重安全着舰的要求,就必须加大翼面积以降低机翼载重,但这样会增大震波和摩擦阻力,从而导致飞机的拦截能力和巡航经济性的降低。此时就需要更强大的发动机推力和更多的燃油来弥补上述的缺陷,但这就必然会导致飞机的重量更大,从而要求更大的机翼面积。这种航空技术上的必然循环,又回到了问题的开始。

由此可见在当时的技术条件下,采用可变后掠翼的气动力布局成了格鲁曼公司设计人员的不二选择。当然,在20世纪70年代时,后掠翼设计也是欧洲国家战斗机设计人员的最爱,如英国、联邦德国、意大利联合

■格鲁曼公司的303E方案想象图,携带了12枚227公斤炸弹执行对地攻击任务。

凌云壮志　F-14"雄猫"战机传奇

研制的"龙卷风"多用途战斗机，苏联米高扬设计局的MiG-23"鞭挞者"战斗机、苏霍伊设计局的Su-17/22"装配匠"战斗机和Su-24"剑师"战斗机等，都是可变后掠翼设计中的代表作。其中Su-22和MiG-23都曾在后来的空战中先后与F-14交手，本文后章的F-14作战史部分将对此进行详细的叙述。

最终，美国海军选中了303E方案，这就使得VFX计划正式进入了工程发展阶段。美国海军订购头两批共有12架，作为研究和发展原型机使用。订购的第3批共26架为先导量产型，这其中前8架供海军测试和评估使用，余下的18架用来组成一个测试中队。不过有鉴于先前研制F-111B的惨痛教训，美国海军向格鲁曼公司提出了一系列技术性能违约惩罚条款：

★空重每超过45公斤罚款44万美元。

★加速性能每少1秒罚款44万美元。

★续航距离每少10海里罚款100万美元。

★着陆速度每增加1海里罚款105.6万美元。

★维修每增加1个人工小时罚款45万美元。

★交机时间每推迟一天罚款5000美元。

虽然上述惩罚条款苛刻异常，但格鲁曼公司还是决定接受美国海军的挑战。1969年3月，格鲁曼的设计团队根据海军的要求对303E方案进行了一系列的修改。原先采用的单垂直尾翼与两片可向外折叠的大型腹鳍设计虽然在风洞试验中被证实能够提供足够的方向控制能力和稳定性，而且在大攻角控制能力、震波阻力特性等方面都不逊于采用双垂直尾翼的设计。但美国海军中有些人还是提出了不同意见，可折叠的大型腹鳍明显不适用于航空母舰上的起降操作，而如果缩小腹鳍，在高速飞行时一旦其中一具发动机熄火，由于飞机两具发动机距离较远，单垂直尾翼将难以维持其方向的稳定性。

于是，格鲁曼公司经过慎重的评估与考

■第一次试飞时的1号原型机。

第一章　F-14"雄猫"发展史

■正在等待第一次试飞的1号原型机。

虑后，决定改用双垂尾与两片固定式小型腹鳍的设计布局，这样既兼顾了高速飞行的稳定性又保证了良好的舰上可操控性。随后格鲁曼的技术人员还优化了机翼设计与结构，包括增加可变翼的自动可变后掠功能、增加翼面积以降低翼载重、减少机翼展弦比使飞机重量能符合海军规定、在翼套内增设小型扇翼以提高机动性能、改善机翼翼套与发动机舱连接处的外形等。另外还略微调整了发动机的安装位置和发动机舱的机身线条，有助于提高飞机的操控性和飞行品质。最后对发动机作了若干修改，其中最重要的就是改进先进的收敛-扩散喷嘴，能够有效提高推力和扩大飞行包络线范围。以上的这些修改，基本上确定了日后"雄猫"的机型构造。

1970年12月21日格鲁曼公司的首架原型机XF-14A试飞成功，但不幸的是它在第二次试飞中由于液压系统故障而坠毁。全部12架研发用原型机在1972年2月生产完毕，其中：1号机用于机体测试；2号机用于低速操控试验；3号机用于地面结构强度试验；4号机是首架装备AN/AWG-9雷达的原型机，用于AIM-54导弹的试射试验；5号机用于各种系统的整合试验；6号机用于导弹和其他武器的投射试验；7号机用于发动机试验，后来先后被改造为F-14B-30GR原型机和F-14A+原型机；8号机作为美国海军的综合评估试飞用飞机，9号机用于AN/AWG-9雷达的评估试验；10号机用于航母操作适用性试验；11号机用于除了武器之外的其他航电系统试验；12号机用于接替坠毁的1号机而被称作1X号原型机，主要进行高速飞行操控试验，后来又被改为单座机进行测试。在

凌云壮志　F-14"雄猫"战机传奇

■4号原型机与6枚AIM-54导弹。

■2号、4号和Ⅸ号原型机，此时可见它们的机翼后掠角度各不相同。

这些原型机的测试试验过程中，除了1号机外，还有6号机、8号机和10号机也因为各种不同的原因而先后坠毁。

虽然格鲁曼公司新型战斗机的早期发展麻烦不断，小批量生产的26架先导量产型战斗机还是很顺利地推出了，美国海军也在1972年和1973年分别提出了生产48架的量产计划。新型战斗机于1972年6月开始舰上试飞，同年10月配备舰队试用，此时机上的AN/AWG-9雷达与火控系统仍还处在测试评价阶段。直到1973年11月，新型战斗机通过了美国海军导弹试验中心的实弹射击测

第一章 F-14"雄猫"发展史

■正在进行舰上测试的原型机。

试,它才被美国国防部批准进行大规模的量产,并被正式命名为F-14战斗机。由于格鲁曼公司一直以来都有为自己研制的战斗机以"猫科动物"来命名的传统,F-14也被赋予了"雄猫"(Tomcat)的昵称。1974年,随着VF-1、VF-2战斗机中队在"企业"号航空母舰上的部署展开,美国海军航空兵也迎来了一个长达三十余年的"雄猫"时代。

赏析

在F-14"雄猫"战斗机问世的那个时代,它是世界上拥有最先进的气动力布局、拥有最强大的雷达射控系统、拥有最强大的武器系统的"超级战斗机",在很长的一段时间里几乎没有一个像样的"对手"能挑战其地位。

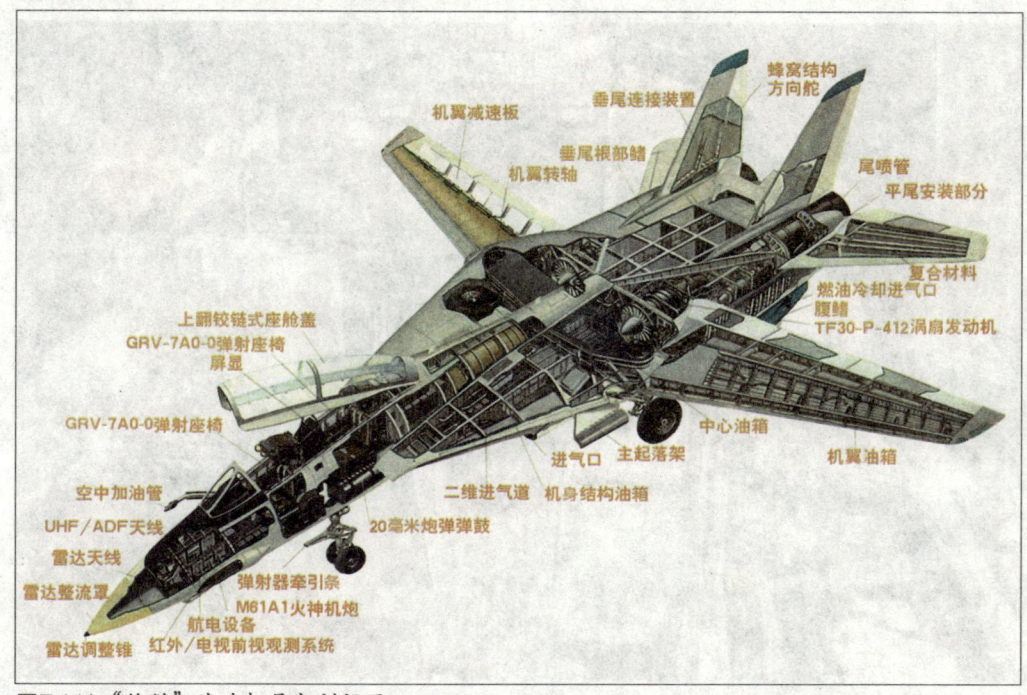
■F-14A"雄猫"战斗机局部剖视图。

凌云壮志　F-14"雄猫"战机传奇

● 机身

F-14为双座多用途超音速战斗机,其气动力布局采用美国航空航天总署(NASA)在20世纪60年代后半期提出的双发双垂尾可变后掠上单翼设计,后来发展的F-15、Su-27、MiG-29等美苏主力战斗机都或多或少地借鉴了这种双垂直尾翼、双发动机舱分列机身两侧的基本设计。F-14出于减重的目的大量使用了钛合金材料,占到了全部结构件的24.4%。此外,F-14还使用了39.4%的铝合金、17.4%的钢材和4%的复合材料,其机体的设计疲劳寿命为6000飞行小时。

"雄猫"的机身为全金属半硬壳式结构,采用机械加工框架、钛合金主梁以及轻合金应力蒙皮。机身扁平,后机身从前至后逐渐变薄,纵向呈翼剖面状,这样的机身结构可以起到减少阻力、增加升力的作用。整个机身可分为三段:前机身由机头和座舱组成,装有雷达、航电和主要的飞行操控设备;中机身主要是简单的盒形结构,设有机翼的中央翼盒和储存燃料的整体油箱;后机身主要包括发动机、垂尾、平尾、腹鳍、减速板和拦阻钩等部分。

F-14机头使用直径很大的玻璃纤维做的雷达天线罩,主要是为了容纳大直径的雷达天线,在机头长细比上作了折中。由于飞机在海上使用,维修是在甲板下很拥挤的机房内进行,所以其雷达维修都不是向前拉出和

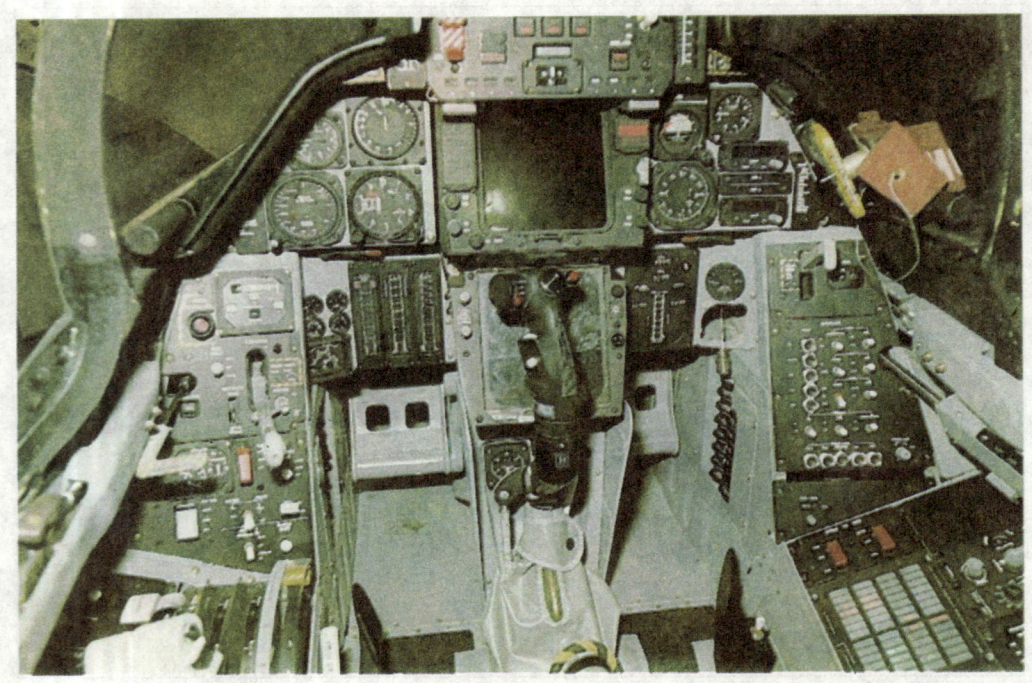

■F-14A前座舱。

折下来的,而是把雷达罩的铰链设在机头的上方。电子设备大部分都在前机身段,主要包括自动飞行控制、导弹控制、电子对抗、武器管理等设备,它们的重量与安装在后机身段主要重量的发动机形成全机平衡。

座舱采用串行双座式设计,可以安装附加装甲。前座舱为飞行员,主要负责飞机的飞行操作、导弹发射等;后座舱为导航员,主要任务是进行飞行导航、雷达操作和电子对抗等。因为F-14要进行空中缠斗和着舰等动作,所以对座舱前视角和左右前后视界的要求非常高。座舱盖分两部分:前面挡风玻璃厚31.75毫米,重18公斤;后面是定向航空有机玻璃制成的座舱盖,通过其后的铰链控制向后开启。

前舱有操纵杆、脚踏板、发动机操纵系统等设备,前仪表板最容易看到的是平显(平视显示器)、空战机动板、陀螺仪和水平姿态仪等。后舱未设置飞行操控设备,舱内前左、右仪表多半是用来显示发射导弹、电子对抗、导航和情报信息等。飞行员和导航员座席都配备有马丁贝克GRU-7A型"零－零"(即零高度、零速度)弹射座椅(后改用马丁贝克的MK14型海军航空人员通用弹射座椅,靠近头部的拉环被取消),前后两个座椅的差别仅在于弹射火箭助推器喷嘴直径的不同。在进行紧急弹射时座舱盖会被整个向后抛出,飞行员与领航员的座椅会分别偏左、偏右弹射而出,其中领航员的座椅会先弹射,大约经过0.4秒的延迟后再

■F-14A后座舱。

凌云壮志　F-14 "雄猫"战机传奇

弹射飞行员座椅，这样可防止后座受到前座弹射时产生的火焰的灼伤。

F-14的机身设计中最独特之处就是其背部结构复杂的大型中央翼盒（Wing Box），由中翼的前、后梁和翼肋构成，其最外侧是转轴耳接头，与可变翼翼根转轴相连接。翼盒是可变后掠翼结构的重点之所在，也是整个飞机的重心之所在，因此随之而来可能存在的超重问题就必须由材料的选择来克服。由于钛合金的强度/重量比、硬度等指标远较钢质材料要好，所以整个翼盒结构就由钛合金打造而成。但钛合金的加工用普通焊接方法相当的困难，所以格鲁曼公司专门发展了一套真空电子束焊接技术，所得的焊接强度只比均质的合金板低3%而已。除了翼盒使用钛合金以外，主翼上下方的应力蒙皮也是钛合金材质的，用以承受掠动时剧烈变化的应力。复合材料的应用包括雷达罩、水平尾翼、风挡、座舱罩与机腹蒙皮等，其中水平尾翼上首次采用了硼纤维/环氧基复合材料，拥有比碳纤维材料更好的韧性和更大的抗疲劳强度。

"雄猫"的发动机短舱宽间距布局虽然增大了干净构型下的摩擦阻力和震波阻力，但是在挂载武器的时候却可以借由适形挂架挂载AIM-54导弹，以及借由机身半嵌方式挂载AIM-7导弹，比起完全外挂武器减少了相当多的飞行阻力。发动机舱的内壁为钛合金，外壁为铝，上壁是固定的，下壁有两个舱门，可供发动机的维修与拆装使用。发动机舱内有两个主要的隔框：前框用来连接垂尾的前梁和平尾作动筒；后框则连接垂尾后梁和平尾转轴。

F-14的尾翼由双垂直尾翼和差动式全动水平尾翼组成，其中前者是在计划研制后期才决定采用的，具有极佳的大攻角飞行稳定性和作战生存性，搭配一对高展弦比的腹鳍，可进一步提高飞行稳定性。略向外倾的

■ "雄猫"战斗机的机身布局堪称经典，仿效者不在少数。

■（左及右）早期F-14A的装配生产线，复杂程度超乎想象。

双垂尾，可使飞机在大攻角飞行状态下不易受到机身涡旋气流的影响，并能提高飞机的战场生存率。机身下高展弦比略向外倾的双腹鳍，在某些飞行状态下比垂直尾翼更能提供飞机所需的稳定性，在侧滑时也抵消一部分垂直尾翼所造成的扭矩，减轻机身G力负荷。

差动式全动水平尾翼的偏角范围为+15度到－35度，它主要控制飞机的俯仰，并在主翼后掠角大于50度时充当副翼使用，控制着滚转运动。而在后掠角度小于50度时，平尾则与扰流器配合控制滚动。

后机身上部有1块、下部有2块减速板，电控收放操作，可偏转34度，但在飞机着舰使用拦阻钩时，则下部左、右减速板只能偏转18度。机身尾部安装的拦阻钩是海军舰载飞机必备装置，钩杆长2.6米，杆上用一个液压缓冲器连接在机身上，并有一收起作动筒，收上后有锁固定。拦阻钩使用220KSI钢制成，可承受676360牛顿的冲击力。

由于降落在航空母舰飞行甲板时的冲击能量惊人，F-14配备有与A-6攻击机类似的可收放前三点式起落架。主起落架向前收起时机轮翻转90度收入发动机进气道下部，前起落架向前收入机身舱内。机轮为无内胎轮胎，内充加压氮气。前起落架为双轮式，并装有前轮转弯机构。

● 机翼

F-14在飞行时，机翼后掠角度的变化范围为20－68度，最大改变角速度为7度/秒。当F-14停放在航空母舰飞行甲板上时，机翼的最大后掠角度可达75度，可大幅减少甲板占用空间。令人感到惊讶的是，"雄猫"的机翼掠动是由机上的中央大气数据电脑（CADC，Center Air Data Computer）根据飞行状态（高度和Mach速度数）自动调整的，而同时期的可变后掠翼战斗机大部分都是飞行员手动控制的。

凌云壮志　F-14"雄猫"战机传奇

■F-14D"雄猫"战斗机起飞爬升时的情景，注意襟翼、副翼等气动面的状态。

在F-14的驾驶员座舱的油门杆上有一个四向电门，它是主要的机翼掠动控制系统，可以选择自动掠动或者将外翼锁定在前后位置。此外，在紧急情况下飞行员还可通过油门杆侧面的无级调节手动杆来控制机翼的掠动。

F-14的固定翼套很大，而可改变后掠角度的外翼段相对较短，这种设计有助于降低机翼旋转机构的复杂度与重量。翼套可以容纳整个翼盒结构，其后缘有一圈柔性的整流装置来保持后缘的密封，这个装置由液压活塞来保持正确的位置。而翼套后的机身收藏后掠的外翼的位置，则有一个气囊来保持气动外形和机身的密封。当机翼展开时，气囊会膨胀起来用以填补机翼留下的空间。

在可动主翼上，前后缘分别装有全翼展的两段式前缘缝翼和三段式后缘单缝襟翼，以供战斗机起降和机动飞行时使用。前缘缝翼为一个简单开缝式延伸装置，它的操作角度一般情况下为下偏7度，起降时为17度。后缘单缝襟翼以分成三段的方式绞接在整个翼后缘，最大下偏角度为35度，内侧的辅助襟翼只用于起降操作。

后缘单缝襟翼前方的上翼面装有3具扰流板，当后掠角度小于57度时会自动启动，作为辅助飞机的横向操纵之用，而且还能在降落过程中作为升力控制装置和减速之用。为了控制机翼后掠角改变时压力中心的移动，提供俯仰配平升力和降低翼载荷。

第一章 F-14"雄猫"发展史

主翼的固定段前缘还装有小型可动式翼套扇翼,也主要由中央大气数据电脑进行自动控制(当F-14速度在1.4马赫以下时,飞行员可以手动操作收放扇翼),最大可向外旋转15度。翼套扇翼伸出可以进一步前移气动重心、降低平尾负荷和配平阻力,使飞机的安定度不致过大。当收起翼套扇翼时,在大部分超音速范围内F-14能做6G以上的机动,而伸出翼套扇翼时还可以再增加约1G。需要指出的是,翼套扇翼仅在F-14A上使用,而到了F-14B/D则由于飞控系统的改进等原因而被取消。

在后缘襟翼前的机翼上表面有四块扰流片,由于F-14没有设置副翼,低速时的横向滚转主要由扰流片实现,高速主翼全后掠时则依靠平尾差动。当飞机处于亚音速、主翼后掠角低于55度时,扰流片即可用以横向滚

■"雄猫"战斗机的双垂尾设计使其具有良好的飞行稳定性。

■F-14A战斗机三视图。

凌云壮志 F-14"雄猫"战机传奇

装控制,此时一侧扰流板抬起,减小机翼升力,使飞机向该侧倾斜。在着舰进场阶段,扰流片也常被用作直接升力控制(Direct Lift Control),飞行员通过油门杆上的开关控制扰流片使其上折7度或收起,F-14可在不改变飞行姿态的情况下改变高度。而在飞机着舰的瞬间,扰流片则作为阻升器(Lift Dumper)使用,它可以自动上折55度,破坏翼面升力以缩短滑行距离。但如果着舰时机尾的减速板没有打开,则扰流板被禁止使用,以免影响飞机姿态。

后机身扁平,发动机短舱之间距离很大,这就使得"雄猫"在大攻角下外侧机翼失速之后,机身仍然能够产生升力。这一特点与Su-27有些相似,是F-14大攻角机动能力的基础。然而令多数人想不到的是制约第三代战斗机大攻角能力的通常并不是机翼分离失速,而是大攻角下的安定性和操纵性,很多飞机都因为安定性的丧失或者失去有效控制能力而把使用攻角限制在远低于失速攻角的范围内。

F-14并不是没有攻角限制的战斗机,它能够以一些瞬态的动作进入非常高的攻角范围,或者在比较大的攻角完成一些稳定可控的机动,但是飞行员必须要小心谨慎,及时地对可能发生的意外做出正确的反应。在试飞的时候曾经由于意外而在一个垂直科目中达到了±90度攻角,而有意识的表演则似乎能够在1.5秒内拉到77度攻角,飞机没有发生任何偏离或者尾旋的现象,能够顺利地退出机动。

根据F-14试飞员指出,他们在45度攻角范围内使用所有诱发尾旋操纵,拉杆到底,压满杆和反向蹬舵,直到60度攻角的满压杆,以及倒飞时在-30度攻角推杆到头和满压杆,或者推杆到头和蹬满舵都未能引发尾

■"雄猫"进行高机动时,剧烈的气流变化在机背上形成大团凝结水汽,蔚为壮观。

第一章 F-14"雄猫"发展史

旋,甚至可以在45度攻角稳定飞行和蹬满舵完成360度滚转。

在模拟空战的缠斗中,即使F-4B拉到超过抖振边界和达到8G过载以至于翼尖玻璃纤维结构被撕裂也摆脱不了F-14的追踪,而且F-14确实能够像电影中表现的那样用突然拉起减速,从而使得在后追踪的F-4B冲到自己前面去。

● 动力系统

早期的F-14装备两具普惠公司的TF30-P-412A型加力式涡轮风扇发动机(简称涡扇发动机),全重为1800公斤。TF30-P-412A是由TF30-P-12发展而来的,而后者的前身则是普惠公司于1958年开始研制的JTF10A型涡扇发动机,军方编号为TF30。TF30最早原本打算是供F6D使用的,但在F6D计划取消之后,普惠公司为TF30加装后燃器就成为了F-111B的动力来源TF30-P-12。虽然TF30是世界上第一种带有后燃器的涡扇发动机,但当时由美国海、空军正在联合发展的先进科技发动机(ATE,Advanced Technology Engine)F401-PW-400各方面性能却要高过它。即便如此,美国海军此时已经没有耐心再等下去了,他们十分迫切地希望F-14的长程攻击能力能够很快的形成战斗力,于是最终选用了TF30-P-12的

■ 与"雄猫"在一起的"猫之心"——TF30发动机。

凌云壮志　　F-14"雄猫"战机传奇

改型TF30-P-412A，这也为日后F-14的发展历程埋下了隐患。

TF30-P-412A全长5.97米，最大直径1.27米，总重量为1800公斤。不开加力时最大推力为5600公斤，而最大加力推力则为9490公斤。上述推力指标很显然无法为F-14提供足够的动力，再加上这种发动机的安全性和可靠性不佳，因而备受美国海军的指责。后来F401型发动机由于造价昂贵、设计复杂而放弃装备，这就迫使F-14A继续采用后来被无数人所诟病的TF30-P-412A。

为了适应高空高速拦截任务的需要，F-14选择了二元外压式四波系直通进气道。它的最前方有一块水平固定压缩斜板，后面为三块可调压缩斜板（最后的一块是扩压段的）和一个可调的放气门。压缩斜板都是铝结构蜂窝板，按飞行马赫数由电脑通过液压作动筒自动调节，以确保发动机获得最适量的气流，并将不需要的空气排出机外。进气道的上方设有旁通道，用以抑制边界层后乱流的影响。进气道全长4.27米，其内侧距机身25厘米，可以避免机头附面层进入进气道。进气道的下唇口位置比机头下缘更低，加上水平压缩斜板的屏蔽作用，进气道的大攻角性能较好。发动机前的管道为钛合金制成，管壁温度可达196.7度，所以靠油箱的部分要使用隔热材料。

尽管F-14的进气道设计十分出色，但由

■美国海军地勤人员将TF30发动机装到F-14战斗机上。

第一章　F-14"雄猫"发展史

■TF30发动机进行检修时的情景。

于TF30-P-412A型发动机的"先天"不足，无法让其性能得到发挥。为了提高TF30-P-412A的效率，其压缩机的失速边际（Stall Margin）设计得太小，使得发动机对气流的变化相当敏感。虽然进气道内设有气流监控电脑系统，但是由于进气不顺导致发动机失效的故障仍屡见不鲜。更为夸张的是，涡扇叶片从转轴脱落击中机身而造成坠机事故的就发生过好几次。截至1984年，F-14服役十年间的坠机事故中竟有28%是因为发动机的问题所致。为此，美国海军上至部长下至普通飞行员都对该发动机进行了强烈的批评。时任美国海军部长的约翰·雷曼如此评价TF30-P-412A："TF30搭配F-14，可以称得上是最烂发动机与最好飞机的组合了！"

迫于外界强大的压力，普惠公司对TF30-P-412A进行了改进，并于1977年推出了TF30-P-414A型发动机。该发动机在保持了原有推力水平的基础上，虽然在安全性和可靠性上有所改善，但依然无法让海军满意。1982年10月普惠公司推出了安全性和可靠性均有大幅提升的TF30-P-414A型发动机（额定功率不变），容易导致F-14失速的老问题终于有了一定程度的改善。

不过就算是TF30-P-414A，也会在某种速度与推力的组合下发生强烈的颤动，如果飞行员不在2秒钟之内采取正确的紧急处置，飞机就会进入水平螺旋之中；甚至在

凌云壮志　F-14"雄猫"战机传奇

发生较为激烈的偏航动作时，在偏航方向外侧的发动机也会因为机首阻挡而吸不到足够的气流从而导致压缩段失速。由此可见，经过多次改进的TF30依然是"扶不起的阿斗"，而此时的F-14也完完全全是一只"跛了脚的病猫"。

从1986年起，F-14B开始采用F110-GE-400型发动机全面代替TF30，飞机动力性能方面终于有了质的提升。F110-GE-400是美国空军F-15、F-16战斗机所使用的发动机F110-GE-100的改型，它们之间有82%的部件可以通用。F110系列发动机是美国通用电机公司从轰炸机用的F101系列发动机发展而来的，当卡特政府决定停止研发B-1A轰炸机/F101-GE-100型发动机计划时，大批装备美国一线战斗机的TF30和F100发动机都存在着大量问题。

在此背景下，通用电机在1976年自筹资金进行F101X型验证发动机的研究工作。不久美国空军与通用电机公司签订了一项有限的研制F101DFE型发动机的合同，以使其能够装备F-16战斗机。经过1980年和1981年两年的大量试飞试验证明，F101DFE无需作重大改进就可以装到F-16上使用。这其间也

■F110-GE-400型发动机。

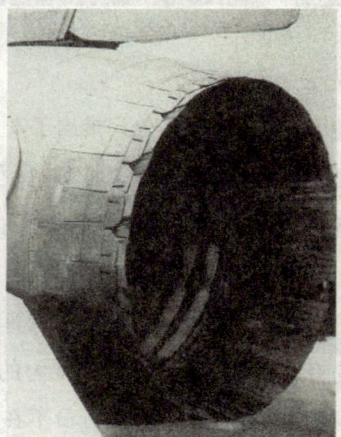

■TF30和F110发动机尾喷口对比，左为TF30，中为TF30处于最大推力状态，右为F110。

第一章 F-14"雄猫"发展史

进行了在F-14原型机（7号机）上的试飞试验，结果同样令人鼓舞，飞机的滞空时间和作战半径都比原来的TF30发动机增加25%。

在这种情况下，美国空军与通用电机公司签订了一项发动机全面研制合同，决定在F101DFE的基础上研制新型发动机，其编号被正式命名为F110。根据合同规定，F110将与普惠公司F100发动机的改进型一起竞争用于新生产的F-15和F-16战斗机，这次竞争也拉开了一场"发动机大战"（Great Engine War）的序幕。原本美国海军也想和空军一样采用这种发动机的年度竞标制度，来让通用电机和普惠竞争年度的发动机订单，这样可以保证获得既便宜又可靠的飞机动力来源。不过由于海军偏爱推力较大及维修成本较便宜的F110，因而没费周折地就直接宣布选用F110-GE-400成为F-14新的动力系统。

F110-GE-400的研制始于"发动机大战"后不久，1984年11月开始研制试验，1986年1月开始鉴定试验，同年9月进行了飞行试验。它是一种小涵道比的加力式涡扇发动机，其不开后燃器与TF30开动后燃器时的推力不相上下，借由后燃器与可调尾喷

■对F-14战斗机进行发动机检查并不是件轻松的事情，爬到尾喷管中是必须的。上图为F110发动机，下图为TF30发动机。

凌云壮志　F-14"雄猫"战机传奇

管系统相配合可使其最大加力推力增加至12791公斤。F110-GE-400采用模块化设计，大幅简化了生产、维修和维护程序。该发动机安装有数位式控制系统来监控发动机的运转情况，整个飞行包络线内不会发生因压缩机叶片失速而导致失去动力的故障，如此"雄猫"的飞行员再也不用害怕出现压缩段失速的问题了。

由于采用了级数较少的高压比压缩机和单级涡轮，F110-GE-400发动机具有长度短、重量轻、推力大等优点。但当把这种高性能的发动机装入F-14的发动机舱中时，长度短的优点却成了安装难题。另外为了不影响飞机的重心和与此相关的飞行稳定性，F110-GE-400发动机也需要在发动机舱中向前移动一大段距离。为了解决这些问题，通用电机决定在后燃器的后部添加长度为1.27米的筒状物以适应F-14机身长度的安装要求，并将发动机安装节从框架移到外机匣上以适应改进后的飞机与发动机接合面。

F-14的机内油箱总共能够装载9029公升的燃料，分别是两个外翼的整体油箱2234公升、两具发动机之间的油箱2453公升、机翼传动组件前方的油箱2616公升。此外还有两个供油油箱，总共可载油1726公升。在每个进气道下方还可携带一个外挂副油箱，可装载1011公升燃料。其中机翼内左、右整体油箱是复合材料自动密封的，外侧覆盖着0.5毫米、内侧是0.3毫米的保护层。

F-14飞机燃油是复份供油系统，左、后

■F-14战斗机的发动机舱可向下开启，维护十分方便。

油箱供给左发动机，右、前油箱供给右发动机。除了外挂油箱之外，系统是重力供油的。从发动机驱动油泵供应的高压油使燃油引射泵工作来输油而无需转动部件，正常供输油不依赖电功率。飞机燃油系统可在双发或单发的工作状态下，如果发生缺油的故障从而导致一具发动机熄火之前就能将可用燃油释放完。飞机上总燃油量在前座飞行员和后座武器官的仪表上都可显示，但每个油箱内的油量只在飞行员的仪表上显示。另外，在前座舱前方的右侧机身还设有收放式空中加油探管。在机内满载燃料和加挂两个副油箱的情况下，F-14的最大航程可达3220公里。

● AN/AWG-9雷达

F-14"雄猫"战斗机之所以能够傲视群雄，AN/AWG-9雷达射控系统与AIM-54"不死鸟"长程空对空导弹厥功至伟。如果说AIM-54导弹是F-14的"猫之利爪"，那么AN/AWG-9就是它的"千里眼"和"顺风耳"，能够精确地捕获超远距离内的大批空中目标并锁定它们。

AN/AWG-9雷达射控系统系由美国休斯飞机公司（后并入雷神公司）研制，截至1988年停产时总共制造了八百具左右。虽然其最初的技术来自F-111B的雷达射控系统，但除了基本架构类似以外，其他特性已经相差很大了，例如AN/AWG-9的重量由800公斤减至560公斤，体积由0.87立方米减至0.78立方米，同时跟踪目标数目由18个增至24个，可以说它的技术性能已经有了大幅度的提升。

AN/AWG-9是一种脉冲多普勒雷达（Pulse-Doppler Radar），由2个供电单元、3个计算单元、5个信号处理器、4个雷达控制单元、3个信号发射单元、3个导弹辅助单元、5个座舱显示器和平面阵列式雷达天线所组成，采用一具5400B型电脑。AN/

■美军地勤人员对AN/AWG-9雷达进行检查。

凌云壮志　F-14"雄猫"战机传奇

AWG-9的天线扫描角度为两侧各65度，每次完整的扫描由上至下、从左至右各扫描8次，需用时13秒。AN/AWG-9拥有19个脉冲多普勒搜索信号通道，其中6个用于AIM-54导弹的导航，5个用于AIM-7导弹的半主动导航。

与同时期的同种类型雷达相比，AN/AWG-9具有探测距离远、电子反制能力强的特点。根据目标尺寸的不同，AN/AWG-9的最大探测距离在120－315公里之间。更重要的是，AN/AWG-9还拥有俯视、俯射能力以及多目标追踪与攻击能力，能够扫描与追踪从超低空到30000米高空之间空域的24个目标，并且引导AIM-54"不死鸟"长程空对空导弹或AIM-7"麻雀"中程空对空导弹同时攻击其中最具威胁的6个目标。

AN/AWG-9雷达的操作由F-14后座的领航员负责，后座仪表板的各种显控装置里最重要的就是详细资料显示器（DDD, Detail Data Display）和战术情报显示器（TID, Tactical Information Display）了，它们分别用于显示目标的基本数据资料和经过分析处理的战术情报数据资料。这些处理过的战术情报数据包括敌我识别、威胁评估，以及机载电脑建议的攻击顺序、攻击时机等。只要目标一进入导弹的射程，显示器上显示该目标的光标就会闪个不停，以提醒导航员注意。另外，在AN/ASW-27B双向资料数据链的帮助下，AN/AWG-9还可在TID上显示8个由E-2C"鹰眼"预警机或水面舰只所提供的探测到的目标资料。

AN/AWG-9雷达具有多种工作模式，分别概述如下：

★脉冲多普勒搜索模式（PDS, Pulse-Doppler Search），用于远距离探测和搜索213公里内的雷达散射截面积为5平方米的目标，所获得的数据会显示在DDD上。

★边测距边搜索模式（RWS, Range While Search），远距离探测的同时进行目标测距，不过其探测范围要小于PDS模式，为167公里，获得的数据显示在DDD和TID上，可以在大角度搜索的同时完成空对空导弹的瞄准。

★边跟踪边扫描模式（TWS, Track While Scan），最多能同时追踪24个目标并引导6枚AIM-54导弹进行多目标攻击，不过该模式下的AIM-54最大攻击距离不超过100公里。为了使电脑正确地处理24个目标的数据，所以每2秒就得更新目标数据一次，这样雷达天线的扫描周期也必须从13秒降至2秒，所以扫描角度和次数也相应地减少。一般敌机上的雷达预警系统很难区分该模式下发出的搜索与锁定信号，往往使用TWS锁定目标并发射导弹后，敌机都没有发觉。

★脉冲多普勒单目标跟踪模式（PDSTT, Pulse-Doppler Single Target Track），跟踪距离为167公里，只能同时攻击一个目标，但此时雷达仍能持续扫描其他目标，使其专注于单一目标的同时不会丢失其他目标的信息，可使导弹发射距离最大，

第一章 F-14"雄猫"发展史

■AN/AWG-9系统和AIM-54导弹的强力组合。

达到所使用各型导弹的最大射程。

★脉冲搜索模式（PS，Pulse Search），用于对空搜索和地形匹配，只能获得距离、方位等资料，作用距离为115公里，俯视能力较差，但脉冲状态的好处是不会在目标横穿机头正前方时丢失目标。

★脉冲单目标跟踪模式（PSTT，Pulse Single Target Track），用于对付与自身战机相对速度为0的目标。由于脉冲多普勒模式只会接收活动目标的频差，但对相对速度为0或正切于雷达波的目标却无法捕捉与识别，因而很容易漏掉固定物和慢速目标，于是加入PS和PSTT模式以弥补不足。

★机动空战模式，可以自动截获近距离目标，而且在大G动作中也不会丢失目标，各种数据都在平显上显示（其他状态下飞行员使用武器攻击时仅在平显上显示部分数据），作用范围为305米－9.3公里。该状态又分为三种方式：飞行员快速锁定方式，雷达波束在正前方2.3度范围内做锥形扫描；垂直扫描锁定方式，扫描方位角4.8度，可选择+15度至+55度或－15度至+25度作2行扫描；手动快速锁定方式，可由武器操作员使用雷达操纵杆使天线指向任意方位，扫描

027

凌云壮志　F-14"雄猫"战机传奇

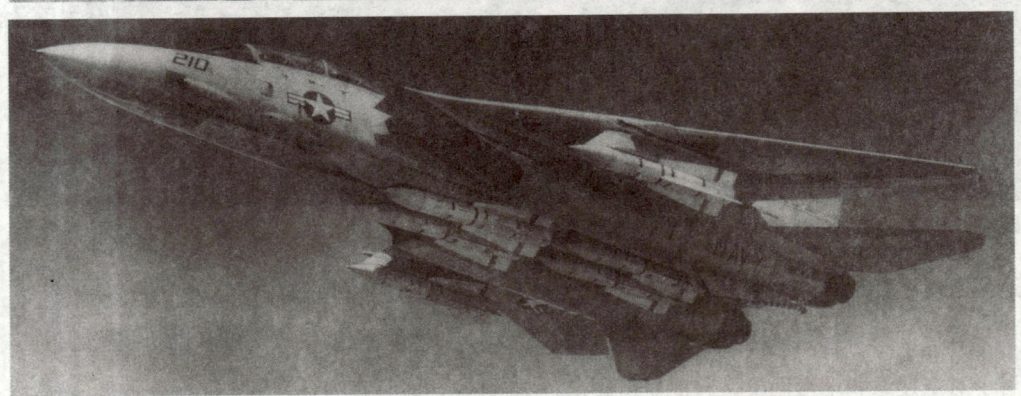

■（上及下）VF-32中队的一架F-14A挂载了6枚AIM-54导弹，一般不采用这种极限挂载方式。

图行为±10度、1行。

● AIM-54导弹

虽然AN/AWG-9功能强大，但如果没有高性能的长程空对空导弹的配合也会"英雄无用武之地"，而同样十分出色的AIM-54 "不死鸟"导弹就成了它的"最佳拍档"。AIM-54导弹由美国休斯飞机公司于1960年开始研制，其基本设计源自前面提到的AAM-N-10 "鹰"式空对空导弹。AIM-54是世界上第一种采用主动雷达制导方式的空对空导弹，而且是西方国家空射武器中重量最大、射程最远的空对空导弹。

AIM-54全长3.96米，弹径0.38米，翼展0.914米，总重443公斤。该弹为正常式布局，弹体中部有4片狭长的梯形弹翼，尾部为矩形舵面，导弹外壳为铝合金结构，涂有耐热涂料，还有一层Nomex环氧树脂层，前部厚3.2毫米，后部为2.3毫米。其弹体结构从前端开始依次为导引舱、引信、战斗部和发动机舱等四个部分，其中导引舱内装有MK11型寻标器，弹头段装有MK334型引信，以及重61公斤的MK82型连续杆高爆战斗零件。

AIM-54采用预设航向飞行、半主动雷达中段制导与主动雷达制导的复合攻击模式。导弹发射后，首先会按照预先设置的航向飞行。半主动雷达中段制导会在距离目标22.5公里左右处启动，此时AN/AWG-9会以分时（Time Sharing）的方式轮流照射目标，引导导弹朝目标的方向飞去。但如果攻击距离较短时，AIM-54会直接进入半主动雷达中段制导模式。在攻击的最后阶段，导弹会使用其主动制导雷达最终锁定目标。

这三个阶段的最大射程在185公里以上，其中主动制导雷达有效探测距离为18.5公里。首枚原型导弹在1966年从一架改装了AN/AWG-9雷达的A-3"天空勇士"攻击机上进行了首次制导试射，虽然当时导弹还没有携带战斗部，但还是直接撞毁了靶机。

"不死鸟"导弹问世后就一直在不断进行改进，第一型为AIM-54A，它于1972年4月28日试射成功，击中了116公里外的目标。在1973年11月22日那次惊世骇俗的试射试验中，一架时速达到0.78马赫的F-14A在7559米的高空，38秒内连续向50至80公里外的6个无人靶机发射了6枚AIM-54A。这些导弹中有1枚脱靶，1枚因靶机故障而攻击失败，其余4枚则全部命中了目标。

同年的另一次试射中，F-14在13716米高度、1.5马赫速度下发射AIM-54A，击落

■VF-154的F-14正在发射AIM-54导弹。

凌云壮志　F-14"雄猫"战机传奇

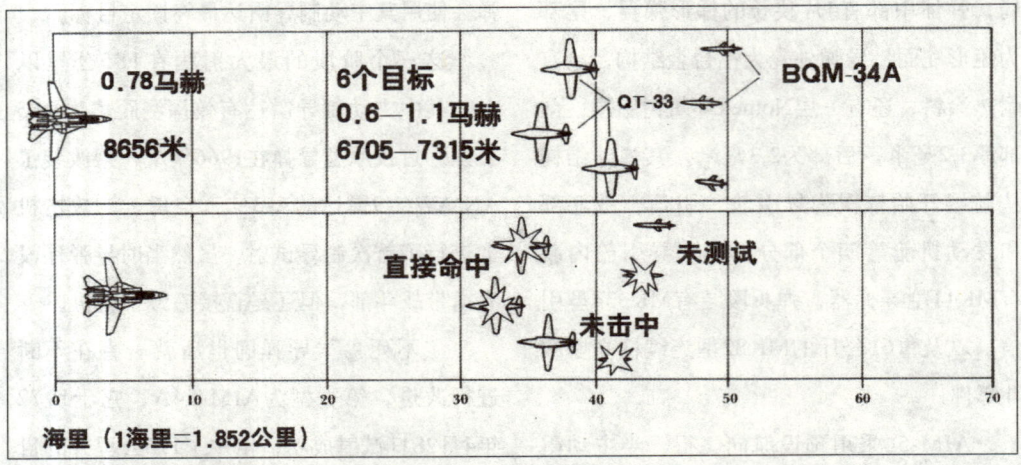

■1973年11月22日那次惊世骇俗的AIM-54导弹试射试验示意图。

了203公里处的16764米高度同速迎头带间断噪声干扰的超音速靶机。该导弹还具有良好的下射能力，1974年在木古角的试射中，3350米高度发射的导弹成功地在杀伤半径范围内掠过35公里处15米高度的靶机。量产型AIM-54A于1974年交付美国海军，并在次年1月28日正式进入美国海军服役。至1980年，AIM-54A共制造了2500枚。

1983年服役的AIM-54B对弹体结构进行了一部分的简化，如将原本蜂巢结构的弹翼用金属弹翼取代。第一种实用改进型AIM-54C于1977年开始研制，1984年开始量产，但直到1986年才具备了作战能力，至1993年总共制造了2000枚。AIM-54C的制导系统、战斗部、发动机均全面升级，主要是改用固态电子组件和超大规模集成电路来替换模拟电路，以提高制导系统性能并简化维护，包括新的数位信号处理器、主动雷达寻标器改用固态传送接收器、提高抗电子反制能力

等。此外还增加了发动机推力以提高飞行速度、高度和射程，同时改用新型弹头与引信，新的WDU-29/B型预置破片弹头的破坏威力增加了20%以上。

特别的是，AIM-54C还增加了内建测试功能，在导弹发射前会对主要系统进行测试。AIM-54C的尺寸与AIM-54A相同，重量略有增加（14公斤），最大速度增大至5马赫，升限增加至30500米，最大射程增大至150公里，而且对付低空目标、小型目标、机动目标的能力提高，具备较佳的电子反制与诱饵识别能力。1985年休斯公司还推出了AIM-54C+改进型，制导系统新增了封闭式冷却装置，并更新电子天线和信号处理器，提高了导弹的制导与控制性能。在伴随"雄猫"度过了三十多年的辉煌之后，AIM-54"不死鸟"导弹于2004年9月30日正式退出美军的作战序列，它是美国海军除役的第一种长程空对空导弹。

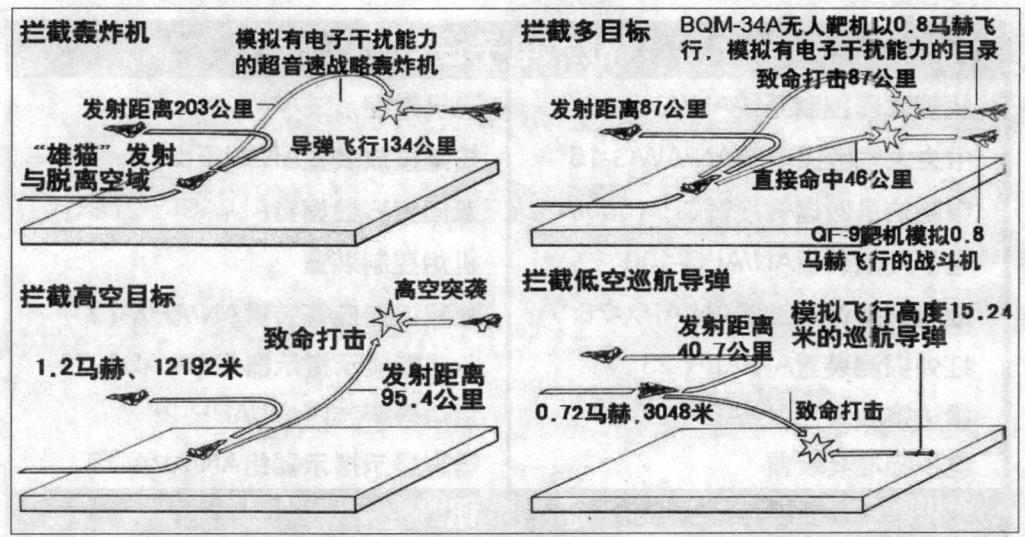

■F-14与AIM-54导弹的四种拦截攻击战术类型示意图。

● 电子设备

F-14上的电子设备主要有航管、导航和武器发生管理系统，另外还有操纵飞机的自动飞行管理系统，例如发动机进口管理系统、自动飞行系统、自动着舰系统和机翼掠动系统等。电子设备所有单元多为电脑控制，所以为了避免功能重复并且减少重量，许多系统采用了中央化设计，其中F-14A电子设备有三种中央化管理：中央大气数据电脑、电脑信号数据转换器和武器管理电脑（AWG-9武器电脑，也称机载武器控制系统）。

中央大气数据电脑能代替模拟计算，可将飞机上所有传感器算得的需用信息供给机上各系统。这种电脑包括由金属氧化物半导体组成的20位集成电路、大规模集成电路、运算逻辑部件、3072×20位程式存储器和128×20位刻线台存储器。而电脑信号数据转换器是为许多计算做接口，可进行数位/模拟、模拟/数位、模拟/模拟模式的转换，并且是一种通用可编辑程式电脑。F-14上电子设备要经过电脑信号数据转换器的大部分信息，都是有关通讯和导航的信息。前机身的设备舱内装载了大部分的电子设备，如附表所列。

下面将对附表中一些重要的电子设备进行介绍，它们都是"雄猫"强大战斗力组成里不可或缺的一部分。本书前面部分中已经提到了AN/ASW-27B双向资料数据链系统。在它的帮助下AN/AWG-9可以从其他设备上再获得8个额外目标的资料。作为整个航母编队中的成员，F-14必须与E-2C预警机进行

凌云壮志　F-14"雄猫"战机传奇

战术电子设备	
机载武器控制系统AN/AWG-9	飞机射控系统AN/AWG-15
中央大气数据电脑AN/AWG-15	箔条投放装置AN/ALE-29A
电脑信号数据转换器CP-1050/A	双向资料数据链AN/ASW-27B
电子反制装置AN/ALQ-100	机炮控制装置
敌我识别询问装置AN/APX-76(V)	敌我识别应答装置AN/APX-72
红外探测装置AN/ALR-23	多功能显示指示器组AN/ASA-79
雷达接收装置AN/APR-27	雷达告警装置AN/APR-25
电视瞄准具装置	垂直显示指示器组AN/AVA-12
通　讯	
密码系统KY-28	机内通话系统LS-460/B
超高频辅助接收装置AN/ARR-69	超高频通讯装置AN/ARC-51A
导　航	
航姿参考装置A/A24G27A	信标增稳装置AN/APN
惯性导航系统AN/ASN-92	雷达高度表AN/APN-194(V)
雷达信标AN/APN-154	接收译码组AN/ARA-63
战术导航装置AN/ARN-84	超高频/自动无线电测向仪AN/ARA-50
飞行控制和仪表	
进气道控制系统	空速M数指示器AVU/-24A
进场功率控制装置AN/ASW-105	自动飞行控制装置AN/ASW-32
方位距离航向指示器ID-633-C/U	座舱高度表AAU-19/A
垂直速度指示器	

很好的配合，而AN/ASW-27B就能与后者搭载的机载战术数据系统（ATDS，Airborne Tactical Data System）进行数据交换，并在后座舱的战术数据显示器上显示8个目标出来。不过如果F-14超出了E-2C的通讯范围，那么它们之间就无法进行数据交换了。

1988年"雄猫"开始换装AN/ASW-27C，并在1990年10月之前全部更换完毕。AN/ASW-27C功能有了更大的提高，它可以让F-14进行直接通讯，不再经过"鹰眼"的转接。后座舱的雷达导航员可以将雷达上的某个目标，通过AN/ASW-27C将其数据传送给网络上的其他战机。此外该系统还能让F-14编队指挥官随时接收到编队中战机的油料等信息，这就赋予了其独立指挥空战的能力，而不需要E-2C或航母上舰队空战管制官的指挥。

不过AN/ASW-27C也有它的弱点，即在同一个通讯网络中只能有4架战机加入其中，这样各个战机编队就只能使用不同的网络，而且彼此之间也无法进行通讯。另外，每架战机只能从外界接收4个目标的数据。在海湾战争中，AN/ASW-27C发挥了极大的作用，它能使F-14机群在远离E-3"哨兵"预警机的空域执行任务，并且也很好地解决了敌我识别的问题。AN/ASW-27C的故障率非常低，而且加入了反电子反制的功能。AN/ASW-27C可以算得上是世界上第一种战斗机群之间的数据通讯系统，其后的战机一般都装备了与之类似的数据链系统。

早期的F-14机首下方在原有ECM天线和航灯的基础上装上了AN/ALR-23红外探测系统（IRDS,Infrared Detection Set），可以独立工作或是与雷达系统配合使用，它主要用来探测目标的大概位置与距离，以供AIM-54、AIM-9导弹等机载武器使用。在实战演习中，IRDS曾多次发现高空中打开加力的飞机目标以及远距离外飞行的巡航导弹。在F-14后期改型中，机首下方开始加装由诺斯洛普公司于1981年研制的AN/AXX-1

■F-14A机鼻的变化，最上面为AN/ALR-23红外探测系统（IRDS），中间为ALQ-100/126型电子反制天线，最下面为TCS战术录像侦察系统和ALQ-100/126天线。

战术录像侦察系统（TCS，Tactical Camera System），它是一套闭路电视系统，可对视野内的目标进行广角搜索和远距离识别，能自动搜寻、发现和锁定远距离目标并将其显示在两名乘员的监视器上。通过对目标进行早期识别，TCS可使机组人员有更多的时间进行战斗决策。诺斯洛普公司总共生产了350套TCS系统，以供美国海军使用。而发展到了F-14D，就开始换用红外扫描与追踪系统（IRST，Infrared Search and Track Sensor）与TCS配合使用。IRST是在俄式战机Su-27和MiG-29上很常见的被动式瞄准装置，用于探测敌机的发动机喷嘴喷出的高温

凌云壮志　F-14"雄猫"战机传奇

■ "蓝盾"吊舱使得"雄猫"在攻击地面目标时更加得心应手。

废气以及飞机蒙皮与空气摩擦产生的热讯号，它能在不暴露自身的雷达静默状态下探测和识别目标。

洛克希德·马丁公司制造的"蓝盾"夜间低空导航与红外寻标吊舱（LANTIRN，Low Altitude Navigation and Targeting Infrared for Night），由AN/AAQ-13导航吊舱和AN/AAQ-14目标定位吊舱两个部分组成，可以生成目标视频图像并将其投射到飞行员的平视显示器上，飞行员只需要用光标套住显示器上的亮点便可锁定目标。LANTIRN吊舱原本是为美国空军的F-15E和F-16C/D战斗机设计装备的，F-14所用的是经过改装的LANTIRN，其中并不包括AN/AAQ-13导航吊舱，而是在AN/AAQ-14目标定位吊舱中加入了全球定位系统（GPS，Global Positioning System）和惯性导航系统（INS，Inertial Navigation System）。AN/AAQ-14挂载在机身右侧翼套下的挂架上，为此"雄猫"加装了GPS天线，并连接到吊舱内部的计算处理装置。因此LANTIRN吊舱可以直接获取目标位置信息，而无需通过雷达装置进行修正。LANTIRN可以与飞行控制系统联合使用，使飞行员可以在60米的超低空松开驾驶杆，所有贴地超低空飞行都由飞机自行控制。由于F-15E、F-16C/D的自动驾驶系统可以依照LANTIRN反馈的地面资料进行追随飞行，因而飞行员可以在超低空时"脱杆"飞行，而F-14则不具备这项功能。

LANTIRN吊舱拥有自己的电脑，通过MIL STD 1553B数位总线与AN/AWG-15射控系统连接，每架F-14在装备该吊舱前首先要进行数位总线的改造。后座的可编辑程式战术数位显示器用以显示LANTIRN吊舱提供的信息，其实有没有可程式编辑战术数位显示器对于LANTIRN来说无关紧要，由于技术上的落差，该显示器显示的红外图像质量很差。经过改装的"雄猫"借由GPS数位可以自动导航飞行到目标区域，如果知道目标的方位，GPS可以自动指示LANTIRN吊舱对准目标。在前座飞行员投放激光制导炸弹后，后座领航员就会控制吊舱以照射目标来完成整个攻击。LANTIRN吊舱还可以用于空对空任务，作用与TCS类似。需要指出的是，先前经过改装的F-14战术机载侦察吊舱系统（TARPS，Tactical Airborne Reconnaissance Pod System）不能挂载该吊舱。

1995年2月，LANTIRN吊舱开始在VF-103中队的一架F-14B上进行测试，并在一个月后完成首次飞行试验。1996年6月，第一套LANTIRN吊舱系统正式交付F-14使用，美国海军最初订购了19套。LANTIRN吊舱为F-14带来了强大的对地攻击能力，总共有210架F-14具备了挂载它的能力（并不是实际装备），其中包括76架F-14A、81架F-14B和53架F-14D。

请读者们了解，这里并不是说有210个LANTIRN吊舱，而只是指有210架F-14可以挂载它。1999年初，美国海军对LANTIRN

■F-14A（A+）战斗机机鼻下的电子设备包括一部红外传感器，或一部电视摄像系统（TVSU，Television Sensor Unit）。图中的TVSU盖有防护罩，以保护镜头。

■去掉防护罩的TVSU，其下方为ALQ-100电子干扰天线。

凌云壮志　F-14"雄猫"战机传奇

吊舱进行了软件升级,提高了F-14投掷激光制导炸弹的精确度,同时增加了记录目标坐标数位的功能。另外,LANTIRN吊舱还具有快速战术图像(FTI,Fast Tactical Imagery)的能力,F-14飞行员可以把探测到的目标数位影像传到另一架F-14,或者是传送到航空母舰上。这些影像除了可以用作实时攻击,还可以作为战损评估、可能目标定位等使用,并可提供给其他飞机上的武器使用。但是LANTIRN吊舱缺乏全天候能力,雨、云、雾等都能严重影响其红外影像。为了具备全天候对地攻击能力,后期进行改进的F-14D和F-14B都具有了投掷GPS制导的联合直接攻击弹药(JDAM,Joint Direct Attack Munitions)的能力。

后期量产的F-14安装了数位飞行控制系统(DFCS,Digital Flight Control System),它是美国海军航空战术中心(NAWC,Naval Air Warfare Center)负责的研究项目,主要是为了防止飞机进入不可改出的水平螺旋,以及降低航母着舰事故的发生,改进F-14的机动性、生存能力以及可靠性,并可使飞行员作出更有攻击性的机动动作。自1970年F-14问世以来,由于大攻角飞行中引致飞机失速,以及着舰事故造成的损失已经发生了多次。F-14在大推力起飞时,也会出现侧滑,其进场时的飞行质量,也会让飞机不易着舰。DFCS取代了F-14A/B/D模拟增加稳定系统,以及自动驾驶仪,并利用原有的液压机械操控系统。新的飞行控制电脑在大攻角及侧滑超过限制时,会自动输入反螺旋操作指令以避免危险的发生。DFCS也配合了副翼-方向舵的运动,使得着舰动作能够更容易地完成。1995年7月14日,一架隶属于NAWC航空部的F-14D在帕塔克森特河海军航空站成功进行了试装DFCS装置后的第一次飞行试验。1998年6月,VF-14和VF-41这两个中队的F-14A都装上了DFCS。

1999年,一架装备了DFCS的F-14D(SD230)在"企业"号航母(CVN-65)上进行了测试飞行,但在此过程中由于进

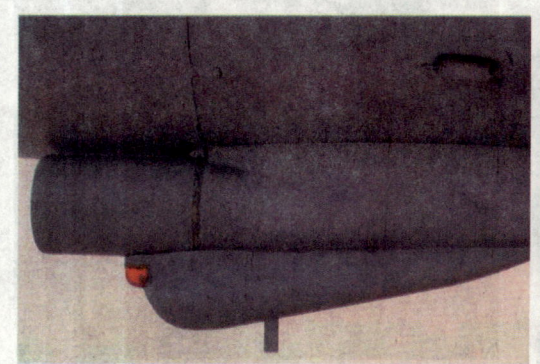 

■(左及右)TVSU可在人眼视界之外目视确认目标。该系统在与利比亚MiG-23的交战中曾经使用,比较适用于"麻雀"中程空对空导弹的空战。

行了超G动作,造成飞机右发动机机身部分出现了严重的结构性受损,当然这并不是DFCS造成的。于是在2000年1月,美国海军颁布命令限制F-14在和平时期的飞行动作,即空速达到900公里/小时不可作超过4G的机动动作,1100公里/小时速度时不可超过3G,1200公里/小时以上速度时只能作1G以下的机动。如果有外挂武器,又有另一套限制G数,这样做主要是为了延长F-14的寿命。同年,DFCS软件和硬件被送到帕塔克森特河海军航空站的海军空战中心飞机部(NAWCAD, Naval Air Warfare Center Aircraft Division)总部,由VX-9中队测试飞行,直至技术成熟就可以正式量产。而到了2001年,所有的"雄猫"都使用上了DFCS系统,在F-14进入服役的第四个十年,DFCS系统是跟上时代的必需的升级。

● 武器系统

除了前面介绍过的AIM-54"不死鸟"长程空对空导弹,F-14还拥有许多其他同样令人生畏的武器,AIM-7"麻雀"中程空对空导弹即是其中之一。它是二战后美国研制并装备使用的第二种空对空导弹,也是世界上装备使用最为广泛的一型中程空对空导弹系列。AIM-7系列各型号导弹采用相同的全动式弹翼控制的气动外形布局,头部呈尖锥形,细长弹体呈圆柱形,4片全动式切梢三角形弹翼位于弹体中部,4片固定式三角形安定面位于弹体尾部。最早装备"雄猫"的是AIM-7E-2,是一种半主动雷达制导的过渡型缠斗导弹,最大射程为29公里,1969年开始用于越南战场。1977年AIM-7F开始装备F-14,它采用半主动脉冲多普勒与连续波雷达双模式制导,最大射程为40公里。1982年F-14开始换装AIM-7M,采用倒置接收机、单脉冲导引头的半主动脉冲多普勒制导,具有较好的俯视俯射和抗干扰能力。90年代初,F-14开始装备AIM-7P,它采用半主动脉冲多普勒雷达,改进了低空制导设备和引信,可以在飞行中段使用数位资料链更新制导数位信号,它与AIM-7M的最大射程都是45公里。这三种"麻雀"的长度都为

■VF-31中队的一架F-14A战机挂载了4枚AIM-9和AIM-7空对空导弹。

F-14可携武器一览表

F-14使用的空对空导弹	
AIM-7 AIM-54	AIM-9
对地武器	
Mk.82(BLU-111A/B)通用炸弹 Mk.84通用炸弹 GBU-12激光制导炸弹 GBU-24激光制导炸弹 CBU-20集束炸弹 CBU-99集束炸弹 Mk.76训练炸弹 BDU-33训练炸弹 BDU-48训练炸弹	Mk.83(BLU-110A/B)通用炸弹 GBU-10激光制导炸弹 GBU-16激光制导炸弹 GBU-31 JDAM 联合直攻弹药 GBU-38 JDAM 联合直攻弹药 CBU-78集束炸弹 CBU-100集束炸弹 Mk.106训练炸弹 BDU-45训练炸弹 BDU-57 LGTR
其他装备	
M61A1火神式机炮 LAU-93/132火箭发射器 Mk.62水雷	LAU-92火箭发射器 Mk.36水雷

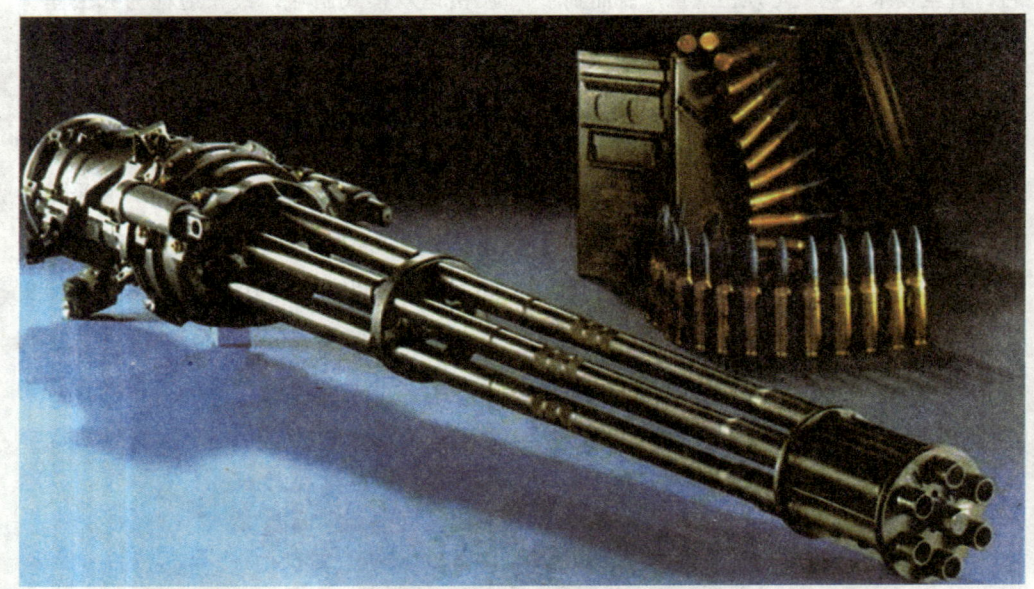

■唯一真正"内置"在F-14嵌入机体的固定武装M61A1"火神"机炮。

3.658米，直径为0.203米，AIM-7E-2重量为195公斤，AIM-7M与AIM-7P则为227公斤。

AIM-9"响尾蛇"近程空对空导弹是F-14的另一"利爪"，它是世界上第一种红外寻标空对空导弹。该弹采用鸭式气动布局，全弹由导引控制舱、引信与战斗部件、推进装置、弹翼和舵面组成,其中舵面与弹翼前后呈X-X形配置。各种型号的"响尾蛇"导弹气动布局和结构组成均无改变,主要是结构尺寸稍有变化以及元器件性能的改进。除C型为雷达寻标外,其余型号的AIM-9导弹都是红外寻标制导。早期的F-14A挂载AIM-9J,它是由AIM-9B改进而来,具有全向攻击和全天候作战能力,最大射程为22公里。1979年起F-14开始装备被誉为"超级响尾蛇"的AIM-9L,其制导弹头的光学组件从硫化铅改为采用氩气冷却的锑化铟,扩大了红外感应范围,使导弹不仅能从目标后半圆攻击,而且能从前半圆攻击,从而大幅扩展了导弹的攻击区。此外,AIM-9L将红外线引信改成了先进的主动激光引信,既能精确控制炸点,又能抗干扰。1982年"雄猫"开始装备AIM-9M,它是在

■F-14测试AIM-120导弹的纪念布章。

AIM-9L的基础上改进而来的,在红外背景下目标截获能力有很大的提高,导弹速度加大到3马赫,在近战空战中具有更大的灵活性。上述"响尾蛇"导弹长度都为2.83米,直径为0.127米,重量为87公斤左右,最大射程一般为18公里。

F-14外挂武器的站位与数量

武装	型号	站位								载弹数
		1	2	3	4	5	6	7	8	
导弹	AIM-7	1		1	1	1	1		1	6
	AIM-9	2						2		4
	AIM-54	1		1	1	1	1		1	6
炸弹	MK-81			4	3	3	4			14
	MK-82			4	3	3	4			14
	MK-83L			3	1	1	3			8
	MK-83H			2	1	1	2			6
	MK-84			1	1	1	1			4
	GBU-10			1	1	1	1			4
	GBU-12			1	1	1	1			4
	GBU-16			1	1	1	1			4
	GBU-24			1	1	1	1			4
	GBU-31 JDAM			1	1	1	1			4
	GBU-38 JDAM			1	1	1	1			4
火箭	LAU-10A/A			2			2			4
副油箱	FRU-1A(1010L)		1					1		2

AIM-120末段采用主动雷达制导，最大射程要比AIM-7略大。早在1981年，一架F-14A就曾试射过AIM-120A的原型弹，而且还是连射三发，因为当时只有AN/AWG-9类火控系统在扫描与追踪模式（TWS）下具备在边跟踪边扫描状态下同时攻击多个目标的能力。AIM-120原本是打算取代现有的AIM-7的，但最终还是由于对F-14D进行AIM-120系统升级的费用过高而被放弃。当然，美国海军认为现有的AIM-54+AIM-7+AIM-9的空对空导弹配置已经能够应付当时的空中威胁也是其中的一个原因了。

M61A1"火神"机炮是一种六管自动机炮，炮弹直径20毫米，射速为每分钟4000－6000发。机炮安装在机头左下部，炮口部位装有防火扩散板，并有夹紧装置，以免炮弹散布面过大。M61A1炮长1.88米，重120公斤，但加上炮弹筒及其他装置重量为318公斤，再加上950发炮弹总重为562公斤。

F-14上配置有8个武器挂架，其中4个在机身下，4个在机翼下。机身下3、4、5、6站位采用半嵌的方式挂载AIM-7导弹，半嵌可以减少飞行时的气动阻力。如果要挂载AIM-54导弹则要在机身下装专用发射导轨，为前后串行配置。机翼转轴下的站位可挂AIM-7、AIM-54或两枚AIM-9导弹，发动机进气口后下方的站位专门挂载可抛副油箱。"雄猫"的武器发射区域是由AN/AWG-9系统的电脑决定的，若目标超过18.5公里就会使用AIM-54导弹进行攻击，后座导航员要选取一架敌机或多架敌机进行跟踪。在18.5公里之内，F-14可用AIM-7或AIM-9导弹攻击。

F-14系列家族

F-14"雄猫"战斗机总计量产二十余年，最初所生产的是F-14A，1987年推出F-14B，除了少量是新造的外，其余全部都是由F-14A升级而来。1990年又推出经过大幅度改进的F-14D，原计划新造127架，同时将400架F-14A、F-14B升级为F-14D，但后来由于美国国防预算的削减而不得不大幅度缩水，新造的F-14D仅为37架，由F-14A升级的F-14D更只有区区的18架。F-14的原始设计机体寿命为6000飞行小时，部分F-14A和F-14B后来通过延寿改进措施分别增加至7200飞行小时、9000飞行小时。

● **F-14A**

F-14A是"雄猫"的第一种量产型，它前后总共使用过两种"普惠"TF30型发动机，在1983年以前制造的F-14A装备TF30-P-412A型发动机，从1983年开始就改用可靠性相对提高的TF30-P-414A型发动机。F-14A于1987年3月结束生产，格鲁曼公司总共制造了557架，约为"雄猫"家族总数量的78%，其中有32架被升级为F-14B、18

F-14A的作战任务

	护航战斗机	空中战斗巡逻	阻绝打击	甲板弹射拦截
外挂状态	4枚AIM-7导弹，M61A1机炮，内部燃油	6枚AIM-54导弹，M61A1机炮，内部燃油，1634公斤副油箱	6枚MK82炸弹，M61A1机炮，内部燃油，1634公斤副油箱	4枚AIM-7导弹，M61A1机炮，内部燃油，1634公斤副油箱
作战半径	926公里	距舰278公里	945公里	398公里
飞行模式	在最大航程中以巡航速度往返	在10668米高度巡逻2.2小时	在最大航程中以巡航速度往返，在最后一段，飞机在海面以0.8马赫冲出185公里，并以0.8马赫反航	在13716米高度开后燃器加到1.8马赫
作战飞行	在高度3048米，1.0马赫加力作战2分钟	在高度10668米，1.35马赫加力作战2分钟	在海平面以0.85马赫最大状态作战5分钟	在13716米高度，1.8马赫加力作战2分钟

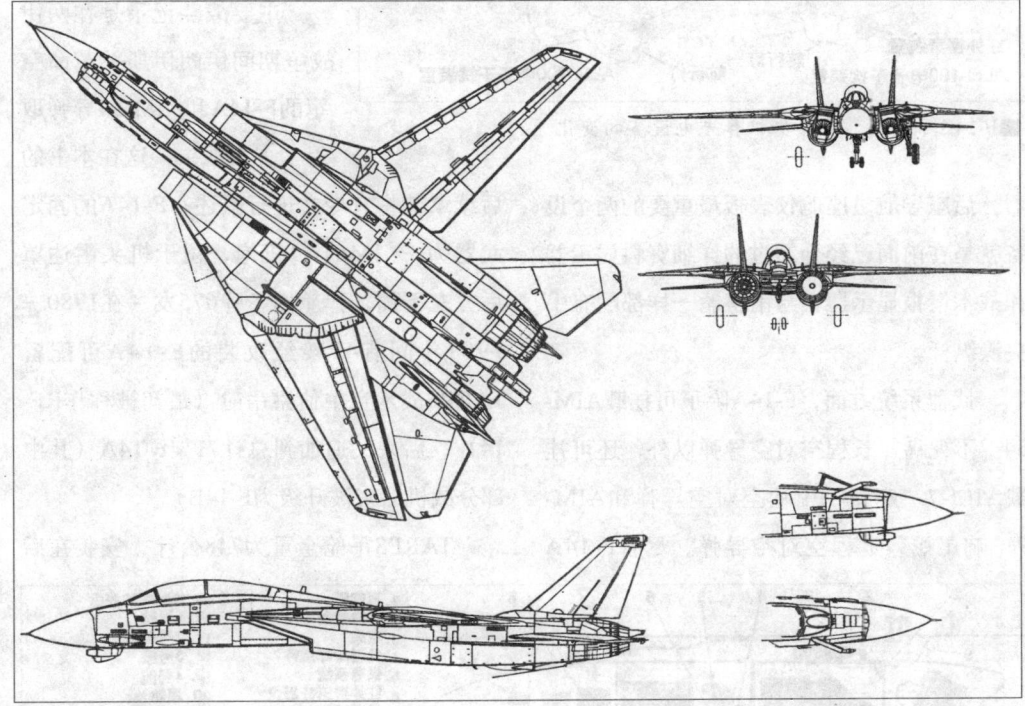

■F-14A三视图。

架被升级为F-14D。

F-14A问世时拥有美军战机最先进的座舱与航电系统，前座飞行员座舱仪表板中央从上到下分别是抬头显示器、垂直显示指示器和方位指示器，两侧还装有气压高度计、无线电高度计、武器选择与控制装置等仪

凌云壮志　F-14"雄猫"战机传奇

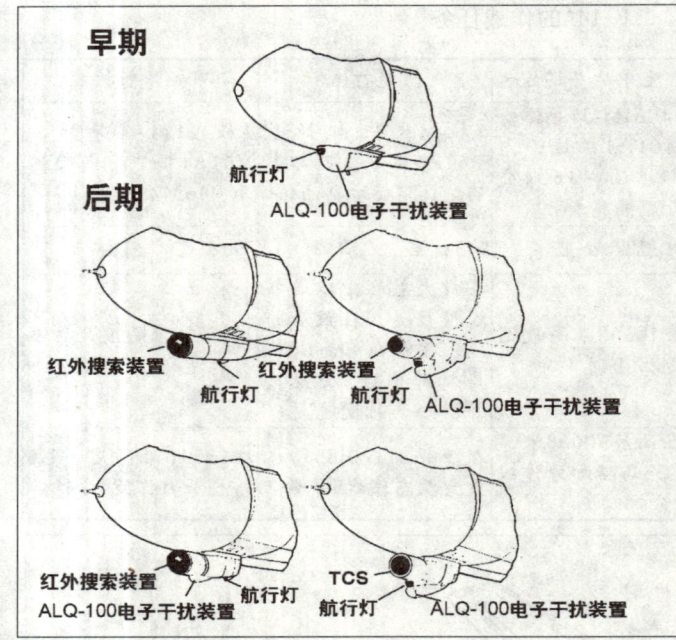

■F-14A"雄猫"战斗机机鼻光电设备的变化。

可以同时挂载6枚AIM-54导弹，但会造成飞行重量过大，降落航空母舰时会对飞行甲板造成过大的冲击而在实际中很少被采用。F-14A执行战斗巡逻任务时的典型全挂载方式通常为4枚AIM-54导弹、2枚AIM-7导弹和2枚AIM-9导弹。尽管"不死鸟"的威力惊人，但其实战记录却相当的少。

主要战斗记录是在两伊战争期间伊朗伊斯兰革命空军的F-14A和AIM-54导弹取得了多次战果，这在本书的后续章节将有专文进行叙述。F-14A的固定武器为一门M61A1机炮，位于机头雷达罩后方左下侧，弹舱内备弹675发。在1980－1981年间有49架经改装的F-14A可配备TARPS战术空中侦察吊舱（最初被称作RF-14），后来又追加到总计71架F-14A（其中部分战机后来被升级为F-14B）。

TARPS吊舱全重为748公斤，安装在后

器。后座导航员座舱仪表板最重要的两个设备就是在前面已经介绍过的详细资料显示器和战术情报显示器，与前座舱一样都配有中央操纵杆。

武器系统方面，F-14A除了可挂载AIM-54"不死鸟"长程空对空导弹以外，还可挂载AIM-7"麻雀"中程空对空导弹和AIM-9"响尾蛇"近程空对空导弹。尽管F-14A

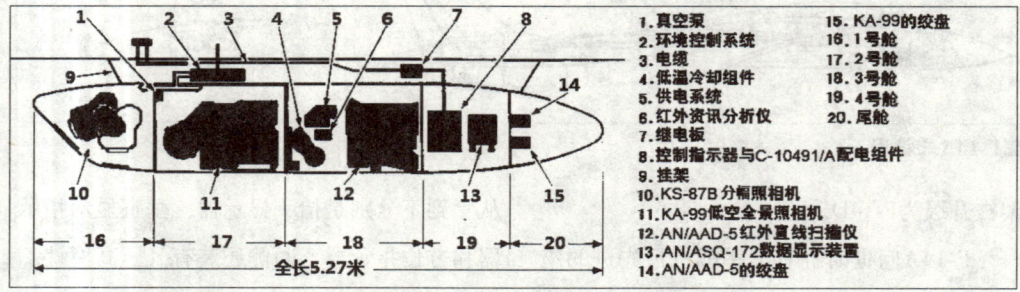

■TARPS结构示意图。

第一章 F-14"雄猫"发展史

■(上及下)"雄猫"5号原型机（BuNO.157984）在右发动机舱下方挂载TARPS模拟吊舱，进行气动试验。

段机腹偏右侧的位置。TARPS从结构上分为四段，前段装有一套KS-87B型分幅照相机，内有3英寸和6英寸焦距的镜头，能够朝前方和下方偏斜拍照。后来经过改进，KS-87B被新研制的KS-153T型照相机和LLTV型录像机所取代。第二段是一套费尔查德公司的KA-99型低、中空全景照相机，装有9英寸焦距的广角镜头，能够作涵盖整个地平线的全景照相，是TARPS系统中最重要的照相装置。

经过升级，KA-99型照相机也可根据需要改用KS-153A型或KS-153L型照相机。第三段是一套AN/AAD-5型红外直线扫描仪，用于夜间和恶劣天气时的侦察任务。第四段装有地面检查维护板和AN/ASQ-172型数据显示装置。TARPS吊舱的监控操作由后座的

043

凌云壮志　F-14"雄猫"战机传奇

■ 腹部挂载TARPS系统的F-14A战机。

■ 挂载在"雄猫"右后机身下方的第二具TARPS吊舱，其在相机布局上与原型有所不同。

导航员负责，而前座飞行员的操纵杆上则设有开关机装置。

● F-14B

F-14B最初被称作F-14A+，在1991年才正式改称F-14B。1987年F-14B接替F-14A进入量产，截至1990年为止总共生产了38架，另有47架由F-14A升级而来。F-14B脱胎于F-14A，是"雄猫"家族中的过渡改良型，原本打算配备先进的火控系统，拥有全天候的空对地攻击能力，但最终还是停止了这方面的发展。F-14B的外形几乎与F-14A完全相同，只是在发动机的喷管部分、机鼻下方的吊舱等处有细小的差别。此外，机翼的固定段前缘的可动式扇形小前翼在F-14B上被取消。

F-14B最重要的修改就是换装F110-GE-400型发动机，也是性能提升决定性的因素。相对于自己的"前任"，F-14B航程增加了60%，爬升率提高了61%，加速时间

第一章 F-14"雄猫"发展史

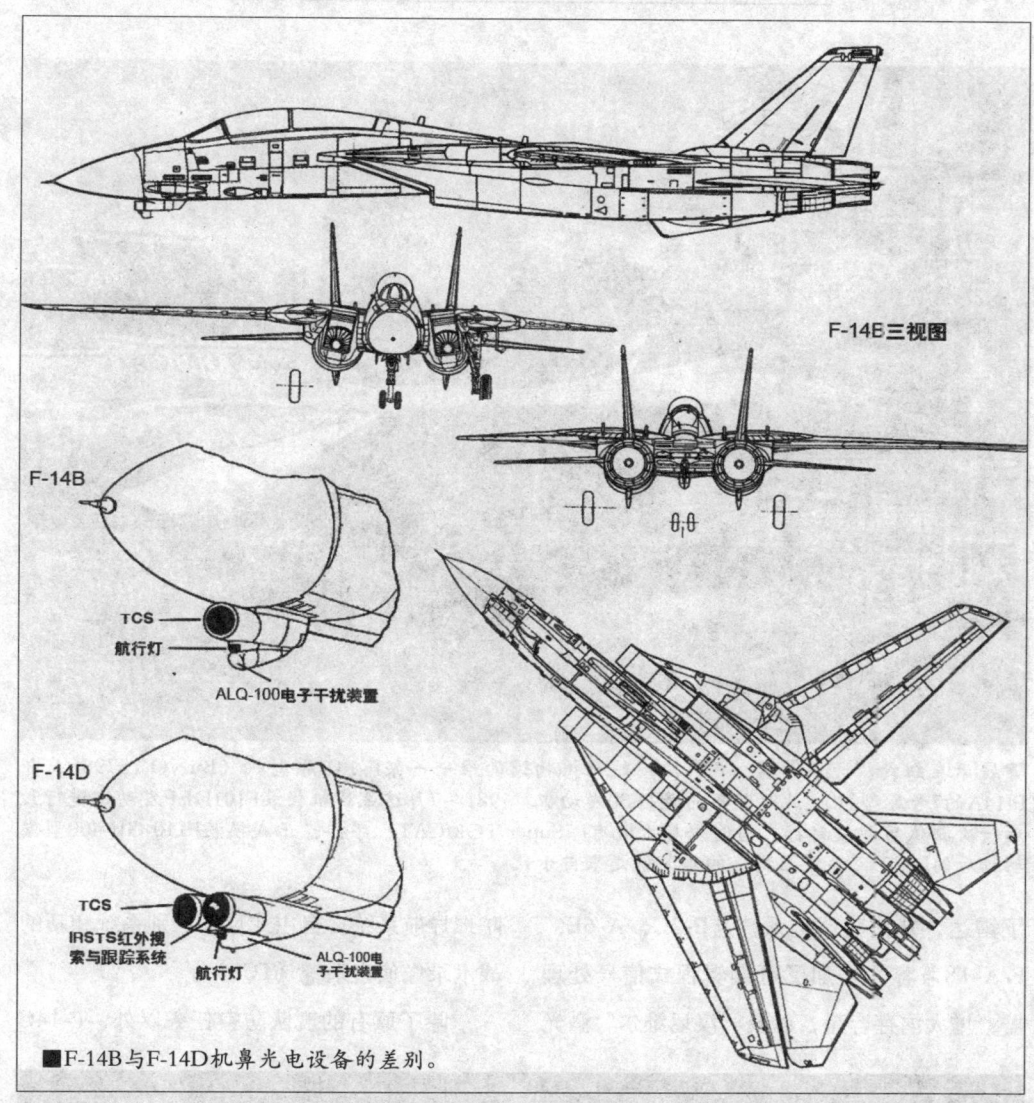

■F-14B与F-14D机鼻光电设备的差别。

减少了43%，作战滞空时间延长了1/3，另外还消除了TF30常见的尾烟。换装新发动机后，F-14B就有了一个非正式的绰号"超级雄猫"（Super Tomcat），它来自于F-14B原型机装备F101DEF发动机测试时垂尾上的标记，里面承载着格鲁曼人对于这只改进"大猫"的热切期盼之情。

● **F-14C**

在研制F-14B的同时，格鲁曼公司曾对试装过F401-PW-400型发动机的F-14B进行了射控与电子设备的大幅改进，这种改型被称作F-14C。它使用F101DEF发动机，改进

凌云壮志　F-14"雄猫"战机传奇

■展示在纽约"无畏"号（CV-11）航母博物馆的唯一一架F-14B原型机（BuNO.157986，即F-14A的7号原型机），此时装备的是TF30发动机。1981年7月这架战机换装F101DEF发动机进行最后一次测试后即被封存，当时垂尾上既有"Super TOMCAT"字样，正式换装F110-GE-400型发动机后的F-14B"超级雄猫"的绰号就是来自于此。

了雷达，并使数据链系统与E-2C、A-6E、F/A-18兼容。增加了可编辑程式信号处理器、增大内存容量，以及"汉尼维尔"激光陀螺导航系统，自主式目标识别系统和新的战术录像侦察系统（TCS）。

除了原有的舰队防空任务以外，F-14C

■早期曾装备"普惠"F401-PW-400发动机进行测试的F-14B原型机（BuNO.157986），后用于F-14D的研制。

还能执行全天候对地攻击和侦察任务,可执行A-6攻击机的部分任务。由于缺乏经费,F-14C改进计划最终被美国海军否决了,但它的技术在后期型F-14A、F-14B和F-14D上得到了实现。

● F-14D

为了适应新形势下的作战环境,格鲁曼公司根据美国海军的要求开始对F-14B进行重大改进,换装新型雷达、航电和数位化仪表设备。该改型被称作F-14D,于1987年11月成功进行了首飞。F-14D于1990年3月开始正式生产,计划新生产127架,并改装400架F-14A,到1998年全部换装F-14D。但后来由于F/A-18E/F的大量采购,F-14D的生产数量大大削减,至1991年2月26日"雄猫"生产线永久关闭时,只新生产了37架、改装了18架F-14A而已。

由于数位电路的性能要远优于模拟电路,F-14D有60%的航电系统更换为数位化航电,其中就包括使用AN/APG-71型雷达替换原有的AN/AWG-9型雷达。AN/APG-71其实是AN/AWG-9的数位化改进型号,不过其大部分技术与美国空军F-15E战斗机上的AN/APG-70型雷达类似,两者在信号处理中有86%的电路板通用,数据处理机中有59%的组件通用。

AN/APG-71采用了数位扫描控制、旁波瓣照射制导电路、频率捷变等技术,与AN/AWG-9相比具有更好的对陆地搜索性能、更大的目标探测区域、增加了轰炸辅助

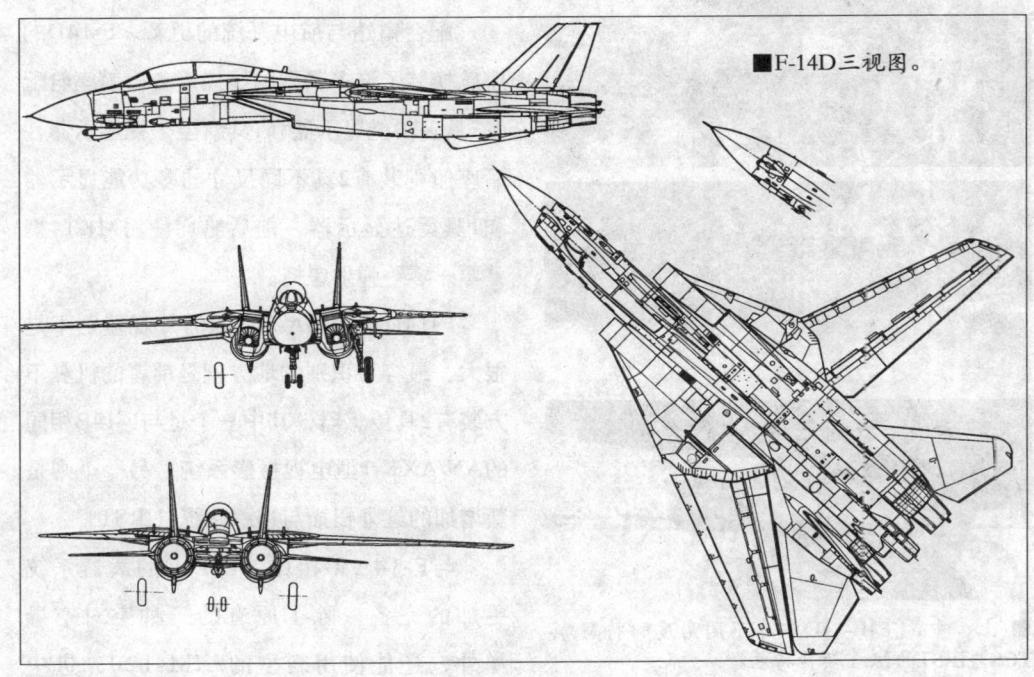

■F-14D三视图。

凌云壮志　F-14"雄猫"战机传奇

功能等，因此其抗电子反制、目标探测、目标识别与追踪、攻击评估等综合能力都获得了提高。AN/APG-71的雷达天线是一种低旁波瓣辐射的天线，可以滤除从旁波瓣进入的干扰波，并能用单脉冲波进行准确的角度追踪。

AN/APG-71增加了中脉冲循环频率（MPRF，Medium Pulse Repetition Frequency）模式，能够更加准确地测定远距离的目标，而且尾后攻击下视能力得到了提高。由于实现了数位化，AN/APG-71的全部套件数量从28个减少到14个，但AN/AWG-9原有的传送器、供电单元和后座舱的战术情报显示器都保留了下来。

AN/APG-71的最大探测距离为213公里，最多能同时追踪24个目标，并攻击其中的6个目标，雷达作用高度范围从24米至24000米。AN/AWG-9雷达的功率十分强大，达到了空前的10.2千瓦。相对而言，AN/APG-71的最大功率却只是接近5千瓦而已（F/A-18的AN/APG-65雷达功率仅有2.8千瓦），但却拥有比前者更强大的搜索与探测能力。

当探测正对自己飞行而来的目标时，AN/APG-71甚至可以分辨出对方发动机中叶片的数量，这是由涡扇反射回波调制信号分析出来的。于是可以进而获得发动机的具体型号，并结合其他信息判断出目标飞机的型号，由此可见AN/APG-71雷达的精密性能。

配合雷达与航电系统的更新，F-14D的座舱换装了许多新型的显控设备，前座舱配备2具多功能显示器和1具新型平视显示器，后座舱则装有2具不同尺寸的多功能显示器和1具雷达显示器，前后舱均使用MK14型"零－零"弹射座椅。

F-14D与F-14A/B之间的外观差别不是很大，最容易识别的地方就是前者的机鼻下方装有2具传感器，其中一个是与F-14B相同的AN/AXX-1型电视摄影系统，另一个则是新增加的红外扫描与追踪系统（IRST）。

与F-14A/B相比，F-14D的武器系统更加的完备，除了原有的三种空对空导弹外，还能使用新型的AIM-120先进中

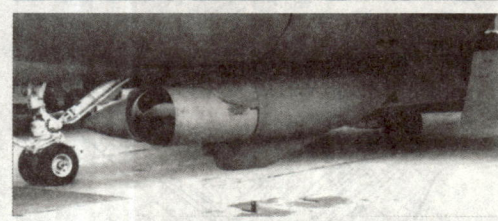
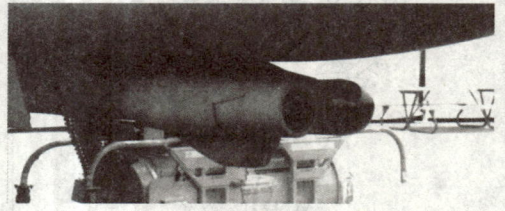

■（上、中、下）F-14D机鼻不同角度的特写，其TCS与IRST的组合颇具特色。

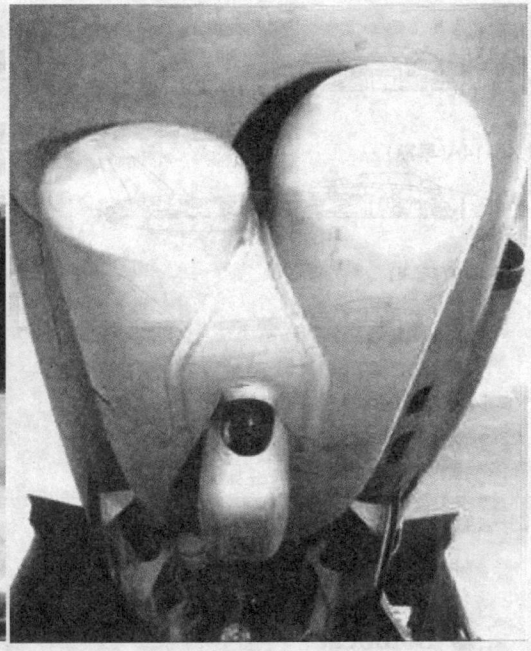

■(上及下)最初服役时,F-14D的TCS与IRST都备有保护罩,其下方为ALQ-100天线。

程空对空导弹(AMRAAM,Advanced Medium-Range Air-to-Air Missile)。在对地攻击方面,F-14D可挂载激光制导炸弹、AGM-88高速反辐射导弹、AGM-65"小牛"空对地导弹等执行精确打击任务。TARPS战术空中侦察吊舱已经成为了F-14D的标准配备,而F-14A/B则只有部分可以挂载该吊舱。

凌云壮志 F-14"雄猫"战机传奇

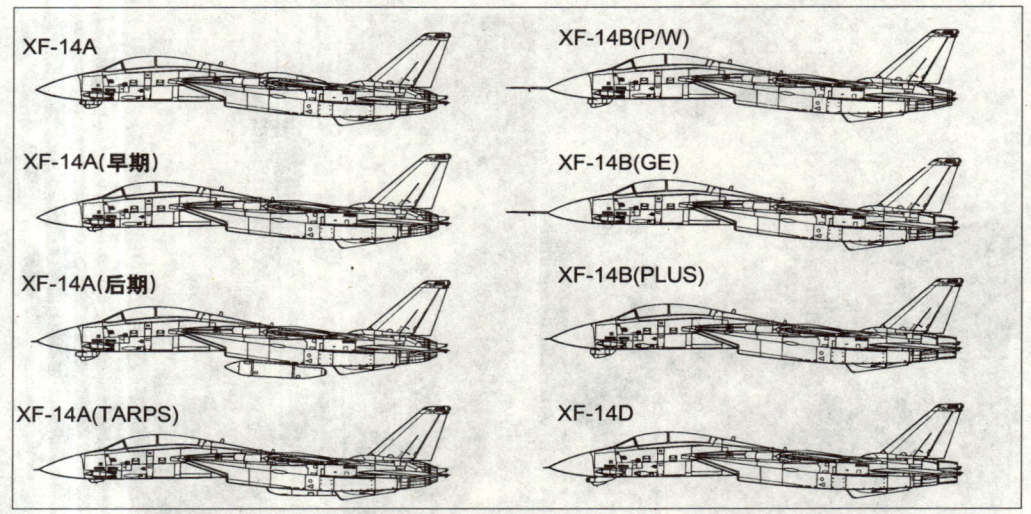

■F-14各个型号发展侧视图对比。

● Bombcat

F-14"雄猫"战斗机在最初设计时主要任务是舰队防空,但为了填补A-6E"入侵者"攻击机除役与F/A-18E/F"超级大黄蜂"战斗机服役之间的断档,美国海军决定将F-14D升级为深入打击战机,能够在视距之外对目标投射传统炸弹或雷达制导炸弹实施精确轰炸,成为一种能对战术和战略目标实施全天候远长程"外科手术式"打击任务的舰载战斗机。

F-14A在1991年5月开始改用Tape 115B电脑软件系统,因此可以执行传统的对地轰炸任务,这就是所谓的"炸弹猫"(Bombcat)。1992年F-14机群开始进行武器管理系统的升级,其中F-14A改用Tape 116电脑软件系统,部分F-14D改用Tape G-6,这些改型都能挂载传统炸弹实施对地轰炸。到了1994年,"雄猫"开始可以挂载重454公斤的GBU-16型激光制导炸弹执行精确轰炸任务,只是炸弹投放后的制导工作要由其他配备有激光寻标吊舱的战机来提供支援。1994年9月,VF-41中队的F-14A在波斯尼亚地区首次执行这类投弹任务,后来陆续在伊拉克、南联盟等地区执行同样的任务。

为了进一步提高F-14的对地攻击能力,1995年11月美国海军与洛克希德·马丁签署协议,开始为F-14加装LANTIRN吊舱,同时为了配合夜视镜的使用而对座舱进行了改进。经过加装GPS全球定位系统、INS惯性导航系统和LANTIRN吊舱的首架F-14B,于1996年1月开始进行飞行测试。通过各项测试后从1996年6月开始,先后共有223具F-14专用的LANTIRN吊舱交付美国海军使用,并将200架F-14战斗机升级为攻击力极强的

"炸弹猫"（后来又增加了投射JDAM联合直攻弹药的能力）。

● Quick Strike Tomcat

在F-14D之后，格鲁曼公司接着研制一种被称为"快打雄猫"（Quick Strike Tomcat）的改型，它是由F-14D改进而来的攻击机型，更新了导航与寻标装备，并强化了雷达性能。研制"快打雄猫"是为了填补A-6攻击机除役后留下的战力空隙，使美国海军也能拥有类似F-15E"打击之鹰"战斗机这样的机种。"快打雄猫"的AN/APG-71型雷达增加了合成孔径模式和地形测绘模式，同时安装了LANTIRN吊舱，夜战能力得到了增强。不巧的是，"快打雄猫"计划被美国国会否决。

● Super Tomcat 21

"超级雄猫21"（Super Tomcat 21，ST21）是格鲁曼公司自行研制的F-14D改进型，希望能用它来填补A-12计划（A-6攻击机的后继机）遭取消后的空当，以及作为海

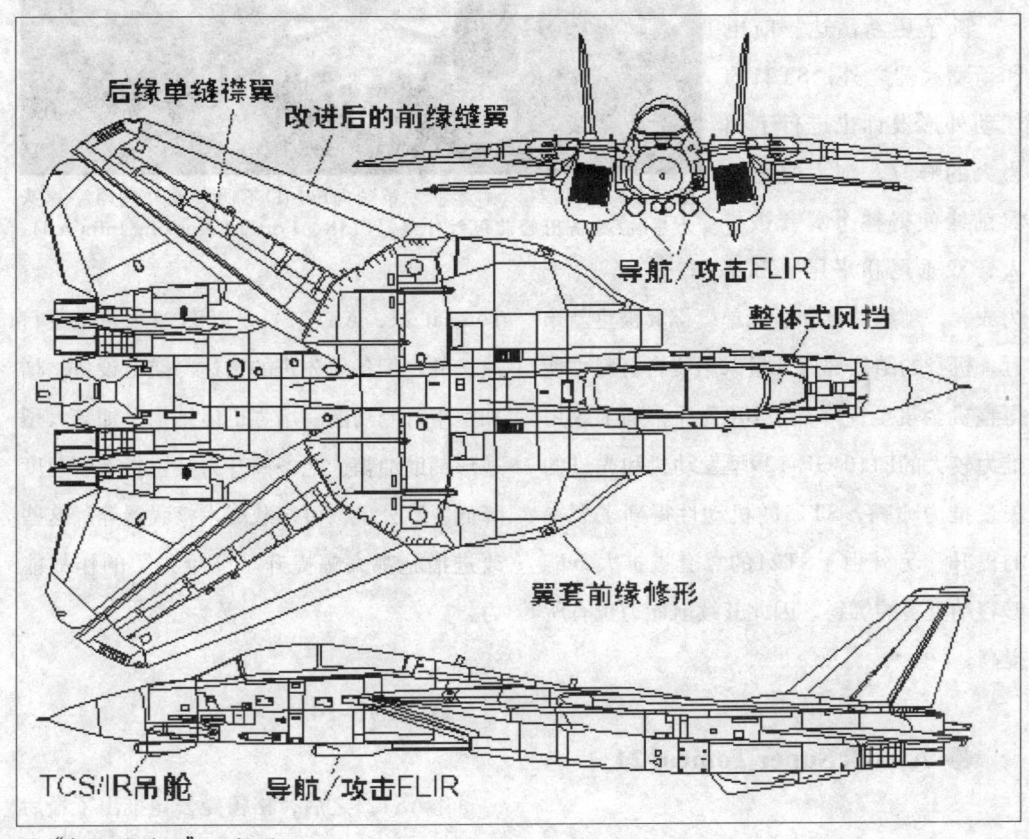

■ "超级雄猫21"三视图。

凌云壮志 | F-14"雄猫"战机传奇

军先进战术战机（NATF, Naval Advanced Tactical Fighter）计划的备选方案。ST21兼具了"快打雄猫"的各项改进，拥有强大的对空和对地攻击能力，机上配备有改进的AN/APG-71型雷达、LANTIRN吊舱、头盔显示器以及包括激光制导炸弹、鱼叉反舰导弹、高速反辐射导弹等多种空对地武器。

除了更新雷达、航电和新增武器之外，ST21的气动外形设计也进行了相当大的修改，加大的固定翼前缘使得整个翼套被扩大，双垂尾和平尾也都略为放大，前缘缝翼和后缘单缝襟翼被重新布置。机身的结构部件大量采用复合材料，使得整机全重至少降低了900公斤，加上改用推力较大的F110-GE-129型发动机和先进的矢量推力喷嘴，ST21的机动性得到了大幅的提升。另外由于ST21的翼套被扩大，能够容纳更多的燃料，因此其续航能力也有所提高。

● Attack Super Tomcat 21

"超级攻击雄猫21"（Attack Super

■ "超级雄猫21"的模型。

■ "超级雄猫21"机鼻下方吊舱与F-14D不同，最外侧两个探头为导航/攻击用的前视红外线（FLIR, Forward Looking Infra-red）系统。

Tomcat 21，AST21）是以ST21为基础进行改进的，配备更先进的雷达与航电设备、增加空中管制功能、增强机体结构、加装大型适形辅助油箱、配备高升力装置将着舰速度降低了27公里、可挂载战术核武器等，这些改进措施都大幅提升了"雄猫"的作战能力。

● ASF-14

继AST21之后，格鲁曼公司推出了最后一款"雄猫"的改进方案——ASF-14 "先进打击战斗机"（Advanced Strike Fighter），它应用了大量ATF和ATA（A-12）的先进技术。不过这个设计连同前述的ST21、AST21以及"快打雄猫"全部被价格较低廉的F/A-18E/F所击败，由此为F-14"雄猫"战斗机家族的发展画上了一个句号。

● 其他"雄猫"衍生型计划

除了上述提及的F-14成员之外，格鲁曼公司还曾计划研制其他几项鲜为人知的"雄猫"发展方案。

1971年，格鲁曼的F-14A曾参与了美国空军改良型有人驾驶拦截机（IMI，Improved Manned Interceptor）计划的竞争，该计划旨在寻找取代F-106"三角标枪"战斗机的后续机。为了向军方展示，格鲁曼公司将当初303E方案的全尺寸木模改成了空军型。为了增大航程，F-14A IMI在机腹位置安装了适形油箱，并可以附加挂载四个副油箱。这样，F-14A IMI的续航力超过当时发展中的F-15，再配备上AN/AWG-9与AIM-54的黄金组合，其综合性能优于F-15。即便如此，F-14A IMI还是由于造价过于昂贵而被美国空军淘汰，麦道飞机公司的F-15则获胜出。有趣的是，在同一年美国海军也要求麦道公司拿出F-15的海军型F-15N来与F-14A进行竞争，但其结果可想而知。

F-14T是"雄猫"诞生之初提出的一种简化版本，只能携带AIM-7和AIM-9导弹，去掉了AIM-54导弹，这样制造成本就可以大幅降低。但对美国海军来说，F-14T这种"简装雄猫"的作战能力相对于F-4没有多大的提高，于是否决了该方案。

与F-14T一样，F-14X也是为了降低"雄猫"昂贵的制造成本而提出的。F-14X提出了多种简化方案，如去掉AIM-54导弹、将最大目标跟踪数从24个减至12个、去掉扇翼和直接升力系统等。同样出于获得超一流战机的心理，美国海军放弃了F-14X的发展。

此外还有部分用于飞行测试的F-14则

■被空军拒绝的空军型方案IMI，可见有很大的机腹适形油箱。

凌云壮志　F-14"雄猫"战机传奇

被赋予临时编号，如JF-14A、NF-14A、NF-14B和NF-14D等，但它们并不是"雄猫"的新改型。

除役

F-14"雄猫"战斗机全部完成换装后，最鼎盛的时期总共拥有30个作战中队，配置在13个舰载机联队，一般每艘航空母舰上部署2个F-14中队。这样的辉煌时光一直持续到1991年冷战结束后，美国海军的航母数量由16艘减至12艘，舰载机联队也减为10个，这是F-14飞行中队的第一次大规模裁减。1996年，8个舰载机联队中两个F-14中队减为一个，此时只剩下12个中队，它们分别是VF-2、VF-11、VF-14、VF-31、VF-32、VF-41、VF-102、VF-103、VF-143、VF-154、VF-211和VF-213。其中VF-14、VF-41、VF-154和VF-211装备的是F-14A，VF-2、VF-31和VF-213为F-14D，其余5个则是F-14B。

随着A-6、A-7攻击机的除役，原本担负空优与战术侦察任务的F-14开始进行改装，以执行对地攻击任务。即便如此，随着F/A-18E/F"超级大黄蜂"战斗攻击机的逐渐量产并进入部队服役，F-14开始了第三次裁减高峰。第一批退出战斗序列的是原隶属于第8舰载机联队的VF-14和VF-41，然后逐个中队的除役、接收新战机。2003年的伊拉克"巴格达之役"战争期间，第一时间参战

■ 美国海军庞大航母战斗群的安危，在过去30年中很大程度上依赖"雄猫"战斗机的有力保护。

的美国海军5个航母战斗群全部只配备1个中队的F-14。

尽管F-14在伊拉克战争中同样表现优异，特别是在沙尘暴的恶劣天气条件下，依然保持了很高的任务出动率，但每小时约7万美元的飞行、维护费用实在是太高昂了（F-14中队的维护人员数量也要比F/A-18F中队的多出60人左右），这让美国不得不加快了"雄猫"除役的步伐。原本打算2010年全部完成F-14的除役，之后又提前到2008年，最终定为2006年。

2006年3月11日，美国海军的最后一批F-14"雄猫"战斗机抵达美国本土的欧希安纳海军航空站（NAS Oceana）。它们是隶属于第8舰载机联队的VF-213和VF-31战斗机中队，刚刚完成了在伊拉克的部署任务。在此期间，这些"雄猫"共出动了1万架次，尽管飞行时间长达3万小时，但没有受到任何损失。其中，它们有3000个飞行小时用于投放52枚炸弹和空对地导弹，以支援驻伊联军的军事行动。这是F-14"雄猫"战斗机执行的最后一次任务，从此美国海军航空母舰的甲板上将永远失去这只"大猫"的踪影。

在数百名家属、亲朋和战士的欢呼声中，两个中队总共22架F-14D战斗机组成一个巨大的楔形编队从空中飞过，以此作为自己的谢幕演出。VF-31中队长理查德·拉布朗契中校感性地说道："我将非常想念飞行'雄猫'，对它说再见就像对老朋友说再见一样！"VF-213中队将很快换装F/A-18E/F"超级大黄蜂"战斗机，而VF-31中队则可以在9月之前继续使用F-14D，并会在那个月由美国海军举行的"雄猫的黄

■1994年3月，VF-41中队的一架F-14A战机停放在欧希安纳海军航空站。

凌云壮志　F-14"雄猫"战机传奇

■2006年3月11日22架F-14的谢幕飞行。

昏"（Tomcat Sunset）除役仪式上作最后的展示，这之后也会全部换装F/A-18E/F。

F-14"雄猫"战斗机即将完全消失在人们的视野之中，在它之后F/A-18E/F"超级大黄蜂"战斗机能否担负起美国海军航母编队舰队防空的重任，依然是大家争论的热门话题。很多人认为F-14被F/A-18E/F所取代主要是"雄猫"太老了，机体寿命已经达到限期，是迫不得已的。由于"超级大黄蜂"空中作战能力明显逊于"雄猫"，因而大多数人认为这之后的美国海军的舰队防空能力将会有质的下降，难道事实果真如此吗？为了更客观地分析这一问题，先从"超级大黄峰"谈起。

F/A-18E/F"超级大黄峰"是美国正在生产和装备部队的新型舰载战斗攻击机，到2006年9月，所有原装备F-14战斗机的舰载战斗机中队（VF）将要全部换装F/A-18E/F，从而改编为舰载战斗攻击机中队（VFA），以后美国的航母甲板上将不再有专用的舰载战斗机，也不再有专门的舰载战斗机中队。F/A-18E/F源自出口用的"大黄蜂2000"方案，美国海军原本是作为在得到真正的第四代重型舰载战斗机之前的一个过渡而考虑的，但是这种计划中的重型舰载战斗机也考虑了同时担负长程攻击的任务，单一用途的A-12被取消造成了这种多用途的必然要求。海军一再变更的第四代重型战斗机计划，在苏联解体后就像烈日下的露水一样转瞬就消失得无影无踪，F/A-18E/F不得不从F-14手中接下重型战斗机的重任，同时又要接替A-6的攻击任务。

第一章　F-14"雄猫"发展史

■ 与F-14作最后的道别。

F/A-18E/F飞机作为新的重型舰载战斗机，最让人担心的地方是这种爬升能力和高速性能都下降而且还不能携带AIM-54"不死鸟"导弹的飞机是不是会削弱美国海军航母编队的防空作战能力，损害航母的生存力？要分析这个问题，首先应当了解美国航母编队是如何执行防空作战任务的。

美国海军舰队在应对有一定威胁的作战时一般采用双航母编队，防御圈划分为内、外、中三层。外层由舰载机负责，内层由水面舰艇负责，中层由舰载机和区域防空舰共同负责。在冷战时期，离航母最远的舰载机实际上并不是防空巡逻的F-14战斗机，通常是S-3A"维京人"反潜机在紧张地带搜索随时可能发射潜射反舰导弹的苏联巡航导弹核潜艇，但是也不会离开F-14太远，更不会飞出AIM-54导弹的保护区域。

F-14战斗机组成的外层战斗机防空圈，通常距航母300－350公里进行巡逻飞行，一旦发现空中目标来袭则可迅速前出在尽可能远处消灭目标。在F-14背后约100公里处是E-2C预警机的巡逻空域，基本上可以覆盖F-14可能与敌机接触的空域，但是在极限距离上有时也要依靠F-14自行搜索。在预警机与水面舰艇之间还有一道战斗机巡逻圈，通常这一层防御可以由作战半径比较短的F/A-18战斗机来执行。

通常防空驱逐舰被部署在天地线处担任雷达哨舰，自从"阿莱伯克"级驱逐舰（小神盾舰）大量服役后，这道防线的抗打击能

凌云壮志　F-14"雄猫"战机传奇

■VF-31中队的垂尾除役涂装。

力有了极大的提高。巡洋舰通常布置在比较靠近航母的位置，一方面可以支援外圈防空驱逐舰，另一方面驱逐舰可以为内圈提供点防御支援。美国海军很早就开始利用数据链共享信息，统一指挥调度。战斗群的指挥中心可以设在航母上，也可以设在巡洋舰上，实际上是海军指挥控制系统的海上部分，可以接受来自陆上指挥中心的指令，汇整各舰只和飞机的上传数据，把下达的命令和必要的数据通过海军战术数据系统（NTDS，Naval Tactical Data System）由数据链分发。

海军战术数据系统实际上是战术数据链路A（TADIL A）的电脑系统，该数据链路北约型号称为Link 11。在美国海军中Link 11的终端用户包含各类主要水面战斗舰艇、攻击型核潜艇和E-2C、EP-3、ES-3、P-3C、S-3等飞机。Link 11是一种保密的网络化数位数据链，采用并行传输和标准报文格式，实际的标准传输速率为1364bps或者2250bps。

这种数据链采用HF和UHF两个波段，采用HF波段可以覆盖300海里半径的区域，

UHF波段在舰对舰传输时作用距离为25海里，舰对空则为150海里。需要指出的是Link 11并不能直接指挥舰载战斗机作战，舰载战斗机的机载数据链终端支援的是北约命名为Link 4系列的战术数据链路C，虽然美国海军的大型水面作战舰只上也安装Link 4A双向链路，但是一般也不直接指挥空战，主要用于空中交通管制和舰载机着舰引导。

舰载战斗机的空战主要由E-2C预警机根据舰队指挥官的命令和当时空中的态势来进行指挥，战术数据通过Link 4A传送。战术数据链路C是非保密时分数位数据链路，采用串行传输，数据率为5000bps，工作在UHF波段，这种数据链历史比较长，早在20世纪50年代后半期应用在"半自动空中-地面拦截制导系统"（SAGE，Semi-Automatic Ground Environment）上，虽然缺乏抗干扰能力，但是比较简单可靠。这个系列中有一种特殊的Link 4C，这种数据链只用于F-14进行4架战斗机组网的编队空战。

在冷战时期，F-14战斗机所参与的航母编队防空作战大致上便是如上所说的情况，一旦E-2C预警机首先发现苏联的超音速轰炸机群，就一面指挥外防空巡逻圈的F-14加速前出拦截和迟滞苏联轰炸机的攻击，一面将空中态势传回旗舰，紧急弹射待命值勤中的F-14加入战斗。F-14将会加速到M1.6左右接敌，然后超音速连续发射AIM-54导弹进行多目标攻击。对于躲过攻击的目标，通常

第一章 F-14"雄猫"发展史

■处于机群编队最外侧位置，恰好符合"雄猫"战机长程防御的角色。

不做过远的追击，交给下一层防御力量进行拦截。

显然，位置靠后、本身速度较低而且只能使用AIM-7"麻雀"半主动中程导弹的F/A-18战斗机在这种作战中实际作用并不是很大。不过自从苏联解体之后，目前以及未来相当长时间内都没有哪个国家能够建立一套支援超音速轰炸机突防发射长程超音速反舰导弹攻击航空母舰的体系，F-14的这种能力就像传说中的"屠龙之技"一样，强则强矣，却无处发挥。

F/A-18E/F服役后，外层防空圈的重任也只好当仁不让，飞机气动外形上加大机翼展弦比的设计应该有增加续航时间的考虑，

加上本身一开始就考虑了编队伙伴的空中加油，防空巡逻时间仍然可以基本保证。F/A-18E/F的加速性不甚理想，AIM-120导弹的射程也较小，难以做到像F-14那么远的距离上歼敌，不过考虑到长程超音速反舰导弹的威胁至少暂时已不存在，这样的缺陷似乎也不那么令人担心。

F/A-18E/F实际上在防空方面也有自身的优势，一方面AN/APG-79雷达是一种数位化有源相控阵雷达，在波束扫描的灵活性上远远胜于新旧技术结合的AN/APG-71雷达，在探测低空小目标上优势明显，实际的多目标能力也要更强。这种特性更适合于拦截低空突防的战斗轰炸机，这种目标比前苏联时

059

凌云壮志　　F-14"雄猫"战机传奇

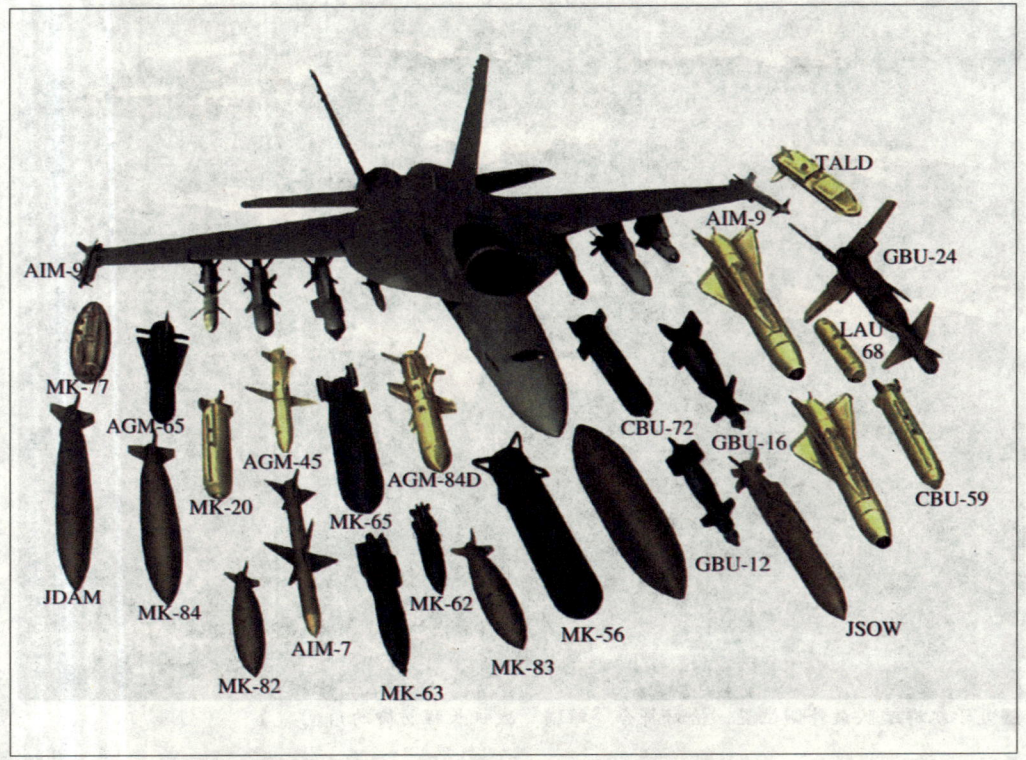

■ "超级大黄蜂"战机配备武器种类之全,是"雄猫"所不具备的优势。

代的超音速轰炸机小得多,机动性达到一般战斗机的水平,而且具有危险的反击能力。对付这样的目标,AIM-54长程导弹的机动性就显得不足,进行多目标攻击也非常不可靠。比较而言,AIM-120C才是超视距猎杀战斗机的利器。

进入20世纪90年代,美国海军作战飞机开始装备战术数位信息链路J(TADIL J)也就是北约的Link 16,这种数据链的终端F-14D和F/A-18E/F都有安装,但是大部分较老的F-14没有得到改装。Link 16是一种高度保密和电子反制的大容量无节点数据链路,联合战术信息分发系统(JTIDS,Joint Tactical Information Distribution System)和后继的多功能信息分发系统(MIDS,Multifunctional Information Distribution System)终端是它的收发部分。Link 16采用时分多址(TDMA)技术向每个单元分配时隙进行数据传输,去掉了Link 11的网络控制站,不会再出现单个节点被摧毁,整个网络瘫痪的现象。

Link 16采用报文保密和传输保密两种保密手段,在传输过程中通过控制波形降低截获概率,即使截获报文也需要报文密码才能解读。这种数据链同时具有很强的抗干扰能力,利用扩频、调频、检错和纠错编码、

■意气风发的"超级大黄蜂"。

伪随机噪声编码等措施能够反制目前最好的瞄准式反制器。Link 16的这些特点决定了它的使用能大幅提高整个舰队的态势感知能力,大大提高防空作战的效率,在面对空袭的时候,一架在正确位置守株待兔的F/A-18E/F要远远强于一架由于Link 4A遭到干扰而未能及时到达阵位的F-14A。从这个意义上讲,F/A-18E/F至少并没有使美国海军的防空变得比原来更脆弱。

另一个有利于F/A-18E/F机群提高防空作战效能的因素是飞机的高可靠性和高可维护性。众所周知F-14极为复杂,可靠性难免较差，而且维护也很费时费力，遭遇空袭时如果值班战斗机不能出动或者出击途中发生故障不能作战，那对整个舰队都可以说是糟糕透顶，即使这么倒霉的事情概率较低，那么能够出动作战的F/A-18E/F平均数量也必然要比F-14多。总而言之，换装之后航母的编队在目前和将来相当一段时间内都不用担心空中威胁。

如果说防空作战本是F-14的专长，那么对地攻击则是F/A-18从一出生就担负的职责。本来F/A-18E/F具有比F/A-18机组的其他成员更大的航程，更大的载重，更强的生存力，在对地攻击能力上不应该受到质疑，但是偏偏半路杀出程咬金，F-14晚年寂寞，既然空战已无对手就改行执行长程攻击和战场阻绝任务。借由加装AN/AAQ-14目标照射吊舱，部分F-14获得了使用激光制导炸弹进行精确打击的能力，"炸弹猫"之名不胫而走。F-14凭借本身可变后掠翼的固有优势，具有非常大的打击纵深，尤其是携带重武装之后作战半径超过了F/A-18E/F，这个特点令人对F/A-18E/F的打击能力产生一定程度的不满。

但是F-14作为一种攻击力量来使用时，它的不专业也带来了很多缺陷。首先是F-14并没有合适的对地攻击用传感器和射控系统，这使它在发现和处理地面目标上的能力相当有限，对付已经给定坐标的固定目标固然可以轻松实施精确打击，但如果要打击移动目标或者复杂地形上不利观察的目标就

实在无法胜任了。其次是F-14当年设计时并没有考虑过携带那么多种类的对地攻击武器，携带和投掷这些种类繁多的武器，仅仅是气动上就要做很多的试验来证明各种携带飞行条件下的安全性和可靠性，而且老的"雄猫"恐怕也不能支持增加如此多的火控程序，仅仅改装数量有限的F-14D也难当大任，而且花费也是不菲。此外，F-14飞机的可靠性和可维护性也影响飞机对地攻击的出勤率，出动架次不足必然影响航母战斗群的打击能力。

还有一点，最近美国海军十分强调携带未投掷作战载重返回航母的要求。这主要是因为目前的各种精确制导武器价格十分昂贵，如果不能携带回航母的话会造成十分严重的浪费，而且苏联解体后美国海军奉行"由海向陆"战略，主要的作战区域已经不是空旷无人的大洋，而很可能是航行十分繁忙的海域，随意投弃携带的武器可能造成误伤从而带来舆论压力。F-14飞机本身重量非常大，过去携带AIM-54导弹执行防空任务时就有规定不能在满挂6枚AIM-54导弹的情况下着舰，经过改进之后F-14D飞机还要更重一些，如果要加强对地攻击能力的话，进行的改装还会进一步增加飞机的重量，这就使得F-14难以满足携带武器着舰的要求。

与F-14恰恰相反的是，作为最新设计的战斗轰炸机F/A-18E/F，从设计的最初阶段便充分地考虑了海军对攻击作战的要求，各方面都为满足这些要求作了折中和优化。首

第一章　F-14"雄猫"发展史

先是F/A-18E/F的火控系统中包含了具有高分辨率合成孔径功能和地面动目标跟踪功能的AN/APG-79有源相控阵雷达，而且可以携带功能完整的导航和攻击吊舱，能够有效地发现、识别各种地面目标。火控系统中也早已集成了各种先进精确制导武器的火控程式，可以支援几乎所有的海军攻击武器。

F/A-18E/F作为新设计的飞机，设计阶段已经考虑了携带和投掷各种武器的能力，甚至专门为了投掷重武器的安全将挂架设计成与飞机中轴线成一个夹角而不是阻力最小的顺气流安装。F/A-18家族本来可靠性口碑甚佳，F/A-18E/F虽然尺寸上放大了很多，但是结构却比原来更为简单，航电系统也由于多年的专门努力，可靠性得到了巨大的提高，可以预期飞机将会有良好的出勤率和快速出动的能力，对于打击时间敏感的目标尤其有优势。

F/A-18E/F在设计时就考虑了携带武器着舰的要求，通过改进气动布局改善了飞机的低速升力特性，这使它在携带较多载荷时仍然可以保持适当的下沉率，这样就不用把未发射的武器投弃了。此外，F/A-18E/F拥有非常完善的电子战能力，能够快速准确地对有威胁的辐射源进行定位和识别，进行有针对性的对抗，遭到攻击时即使不能利用飞机机动性逃脱，也能依靠AN/ALE-55拖曳诱饵金蝉脱壳。

相比之下，1991年海湾战争时期曾经有1架F-14B被老式的SA-2导弹击落，显得在对抗地面火力威胁上有缺陷。而且F/A-18E/F有同型机发展的电子战飞机EA-18G，它完全能跟得上F/A-18E/F的攻击编队，因而在提供电子压制方面十分方便。

F-14本身是一个很好的作战平台，有足够的空间和良好的飞行性能，如果对它进行改进的话，毫无疑问，凭美国的技术实力它也可以改进出一架比F/A-18E/F更强大的战

■ "雄猫"与"超级大黄蜂"的交接仪式。

凌云壮志　F-14"雄猫"战机传奇

斗机。比如：为F-14换装ATF计划的F-119或F-120发动机。测试证明，安装F-119已经被证明可行，而再升级GE的F-120也未尝不可，总之目标是使用推力达4万磅（约18144公斤）级别的涡扇发动机；使用向量控制喷嘴，赋予飞机超强的俯仰、横滚和转向控制力；超高频天线植入增加弦展的前缘襟翼中，增强对敌方隐身飞机的探测和追踪能力。而低频雷达对于捕捉雷达反射面小的目标很有效，格鲁曼公司在1990年左右就测试过类似的天线阵列；降低F-14的雷达散射截面积，增加其匿踪能力，更换结构材料降低重量增加寿命等等。

事实上格鲁曼方面和海军方面都提出了很多改进F-14，令其继续服役的方案，绝大多数的改进都不需要对雄猫"伤筋动骨"。但是最关键的问题是进行这样的改进要花很多钱，而且过去30年里美国人已经认识到维持F-14机队也是一个沉重的财政负担，那么既然已经没有现实的威胁来驱使国会为这种项目投入资金，所有的改进方案不免都永远停留在纸面上。F/A-18E/F也许永远称不上

■F-35C"闪电Ⅱ"才是美国海军未来的主力战斗/攻击机，"超级大黄蜂"也只不过是匆匆过客。

是完美的飞机,但是它恰到好处地满足了海军目前的需要,正是这种中庸为它赢得了在甲板上的位置。

"雄猫"被"超级大黄蜂"所取代,并不是因为技不如人,而是一种转变,战略思想的转变带来的体制转变,变化后的生存环境使得F-14没有必要继续存在下去。在现有的单一超级大国条件下,美国海军(航空队)对其他国家的优势地位并不会因为"雄猫"的除役而出现明显的动摇,实际上变得更精简、更实用。

F/A-18E/F"超级大黄蜂"其实也是一个过渡装备,为了在现有航母编制下站好JSF(Joint Strike Fighter,即F-35)之前的最后一班岗。未来的航母概念本身都是一个不确定因素,现阶段用"超级大黄蜂"来填补"雄猫"和JSF之间的空白还是合格的。尽管F/A-18E/F存在着诸多不足之处,但是一些不可抹杀的优点却正符合特定时期政客和军人的需要,最实际的便是成本控制。从它还是草图开始,精简成本就是最优先的前提,这恰好跟后来的JSF计划如出一辙。

冷战结束之后,务实的心态占据了主导地位。制造成本的降低,使得美国海军可以采购相当的数量来弥补使用上的一些不足,同时也令海外用户可以买得起。从后勤保养

■ "雄猫"F-14战机从航母上起飞。

凌云壮志　F-14"雄猫"战机传奇

和任务弹性上来说，4个VFA中队比现有的1个VF加3个VFA体制来的更有效率。另外就使用成本来说，"超级大黄蜂"只有"雄猫"的三分之一不到，想当年成本问题就是令F-14生产线被销毁的主要原因之一。同样受限于成本，现役的F-14（包括D型）最终都没有再次升级到正统攻击机的地位，无法携带精确制导炸弹以外的任何对地/反辐射导弹，甚至因为除役将临，也没有改装发射AIM-120导弹的能力。

综合多种因素来看，冷战后世界格局、作战思想和战争环境的变化，军费开支的限制，以及本身机体的老化，F-14这一代的飞机开始步入夕阳时代。作为第三代战机中最早投入使用的"雄猫"，第一个走下历史舞台也没有什么可丢脸的，相反它像一个武林高手，闯荡江湖多年却最终孤独求败。跟前几代战机相比，性能上的不足反而并不是其除役的最主要因素，直到现在也没有多少竞争对手敢说对F-14占有明显优势。

无论是反对还是支持"超级大黄蜂"的人，相信都不会否认这样一个事实，"雄猫"可能是最好的舰载战斗机。而拥有F-14的时代，美国航母战斗群可能是最令人望而生畏的。

F-14性能表

批次Block	F-14A	F-14B	F-14D
首飞	1970年12月21日	1970年12月21日	1990年3月
翼展（展开）	19.55米	19.55米	19.55米
翼展（后掠）	11.65米	11.65米	11.65米
翼展（停机时后掠）	10.15米	10.15米	10.15米
全长	19.10米	19.10米	19.10米
全高	4.88米	4.88米	4.88米
翼面积	52.49平方米	52.49平方米	52.49平方米
重量（空机）	18190公斤	18190公斤	19840公斤
最大起飞重量	32658公斤	32658公斤	33725公斤
发动机型式	2具TF30-P-414A	2具TF30-P-414A	2具F110-GE-400
最大推力	15492公斤	15492公斤	25583公斤
最大速度	2860公里/小时（2.38马赫）	2860公里/小时（2.38马赫）	2860公里/小时（2.38马赫）
实用升限	15240米	15240米	16155米
作战半径	3600公里	3600公里	3700公里
机体使用时数	最初设计6000小时，但在实际使用中可延长至8000—9000小时		

F-14"雄猫"战斗机量产序号表

格鲁曼公司总共生产了712架F-14，计有637架F-14A（其中80架〔实际79架〕交付伊朗空军）、38架F-14B、37架F-14D。另外48架F-14A升级为F-14A+（B），18架F-14A升级为F-14D。F-14A改装而成的F-14D叫F-14D（R）。

年份	批次Bolck	序号BuNO.	产量	备注
1969	F-14A-01-GR	157980	1	第一架原型机，1972年12月31日在第二次飞行中坠毁。
1969	F-14A-05-GR	157981	1	第二架原型机，用作低速操控测试。1974年5月13日飞行中发生火警，安全降落但因损毁严重报销。
1969	F-14A-10-GR	157982	1	第三架原型机，用作结构测试。现存纽约航空摇篮博物馆。
1969	F-14A-15-GR	157983	1	第四架原型机，用作AWG-9/AIM-54测试。1985年12月除役。
1969	F-14A-20-GR	157984	1	第五架原型机，用作系统相容性测试。现存佛罗里达州国家海军航空博物馆。
1969	F-14A-25-GR	157985	1	第六架原型机，用作武器分离测试。1973年6月20日，在Point Mugu进行AIM-7发射测试时，导弹突然上仰，击中副油箱，飞行员被迫弹射。
1970	F-14A-30-GR	157986	1	第七架原型机，用作发动机测试平台，后来先后改为F-14B-30GR原型机，以及F-14A+原型机，现存纽约无畏号（Intrepid）海空航太博物馆。
1970	F-14A-35-GR	157987	1	第八架原型机，用作海军评估测试，1974年5月13日，在NAS Patuxent River，发动机起火坠毁。
1970	F-14A-40-GR	157988	1	第九架原型机，用作AN/AWG-9评估测试。现存NAS Oceana航空公园。
1970	F-14A-45-GR	157989	1	第十架原型机，用作舰上评估测试。1972年6月30日在Chesapeak Bay为NAS Patuxent River飞行表演进行练习时坠毁。
1970	F-14A-50-GR	157990	1	第十一架原型机，用作非武器系统测试。现存加州March Field博物馆。
1970	F-14A-55-GR	157991	1	第十二架原型机，后改为单座，更名为"1X"，用作高速操控测试。1990年9月30日除役。
1971	F-14A-60-GR	158612-158619	8	首批量产型。

续表

年份	批次Bolck	序号BuNO.	产量	备注
1971	F-14A-65-GR	158620-158637	18	开始采用TF30-P-412A发动机，改善了压缩器失速以及扇页飞脱及有关情况。TF30-P-412A是首个F30改型。
1972	F-14A-70-GR	158978-159006	29	修改了翼套形状及缩短了外翼刀。
1972	F-14A-75-GR	159007-159025	19	修改了减速板和尾部，改善了航程和巡航表现。
1973	F-14A-75-GR	159421-159429	9	
1973	F-14A-80-GR	159430-159468	39	
1974	F-14A-85-GR	159588-159637	50	以AN/ARC-159无线电取代旧有的AN/ARC-51A UHF。后来13架被升级为F-14D(R)。
1975	F-14A-90-GR	159825-159874	50	机鼻加上了攻角天线，加上了自动机动襟翼系统，提高了大攻角时的性能。
-	F-14A-90-GR	160299-160328	30	首批为伊朗生产的30架F-14A。
-	F-14A-95-GR	160329-160378	50	第二批为伊朗生产的50架F-14A。由于伊朗后来发生回教革命，最后一架160378没有交付，改装后在美国海军服役。
1976	F-14A-95-GR	160379-160414	36	
1977	F-14A-100-GR	160652-160696	45	
1978	F-14A-105-GR	160887-160930	44	其中一架（160922?）后被升级为F-14B（A+）
1979	F-14A-110-GR	161133-161168	36	其中一架（161136?）后被升级为F-14B（A+）。另外6架被升级为F-14D（R）。
1980	F-14A-115-GR	161270-161299 161300-161305	30 6	其中一架(161282?)后被升级为F-14B(A+)
1981	F-14A-120-GR	161416-161445	30	其中23架被升级为F-14B（A+）
1982	F-14A-125-GR	161597-161626	30	其中4架F-14A被升级成F-14B。161623被改装为F-14D计划实际比例发展飞机，但保留了F-14A的TF30发动机。
1983	F-14A-130-GR	161850-161873	24	其中9架F-14A被升级成F-14B，2架被用作F-14D测试计划。
1984	F-14A-135-GR	162588-162611	24	
1985	F-14A-140-GR	162688-162711 162712-162717	24 6	
1986	F-14B-145-GR	162910-162927 162928-162933	18 6	
1987	F-14B-150-GR	163215-163229 163230-163232	15 3	
1988	F-14B-155-GR	163407-163411	5	
1988	F-14D-160-GR	163412-163418	7	
1989	F-14D-165-GR	163893-163904	12	
1990	F-14D-170-GR	164340-164357	18	
		164599-164604	6	

注："□"内数字为取消订单数。

第二章　F-14"雄猫"作战史

在电影《壮志凌云》（Top Gun）中，男主角"小孤牛"彼特·米契上尉曾经以戏谑的口吻说过这样一句话："很多飞行员一辈子都没见过一架米格机！"的确，在F-14"雄猫"战斗机服役的三十多年时间里，几乎没有碰到过一个实质上的对手，更不用说哪怕是只有一次真正的空中对决。它就像一个武林高手，闯荡江湖多年却最终孤独求败。F-14的存在，对于美国海军来说更多是可以给潜在的敌人以精神和心理上的极大威慑，有那种"不战而屈人之兵"的意味，这对于一种单一的武器装备来说是最大的成功。

初试身手

当F-14战斗机诞生的时候，越南战争已经快接近尾声。而当F-14正式参战的时候，就只能执行一些空中掩护的行动了，当时VF-1和VF-2隶属于美国海军"企业"号航

凌云壮志　F-14"雄猫"战机传奇

第14舰载机联队的编制（1975年）			
VF-1	F-14A	VF-2	F-14A
VA-27	A-7E	VA-97	A-7E
VA-196	A-6A,KA-6D	VAQ-137	EA-6B
HS-2	SH-3D	VAW-113	E-2B
RVAH-12	RA-5C	VQ-I Det 65	EA-3B

空母舰上的第14舰载机联队。从1974年9月17日至1975年5月20日这段时间里，VF-1和VF-2在南越上空执行战斗巡逻任务，保证代号为"频繁风暴"行动的顺利进行，但是在此期间F-14不曾与北越空军空中接战。

1975年4月29日，美国海军第76特遣舰队接到命令，撤走那些曾经为美军工作过的美国侨民与南越人。空中撤离行动与海上撤离同时进行，潮水般的舢板、小船以及能用上的所有船只满载大批撤离的人离开了越南。4月30日下午，第76特遣舰队离开了越南海岸。在这个过程中，F-14为撤离人员提供了全程的空中掩护。这次撤离也标志着美国海军在帮助南越生存持续了25年之久的行动中所扮演的历史角色的终结。

猫鹰争霸

1975年美国国防部统筹海、空军计划实施一次大规模的、针对现代空战特性的空战试验。该试验从1977年开始，1978年结束，称为AIMVAL和ACEVAL联合作战试验（简称AIM/ACE）。试验地点选在了内华达州的奈里斯空军基地，使用的飞机包括美国海军的F-14，空军的F-15、F-16和专门作为模拟空战对手的F-5E。试验基地安装有监视空战过程的及时影像系统、遥测系统和计算系统，可以监视和记录空战的全程，以备事后为飞行员和参谋人员回放，进行分析研究。AIMVAL试验的主要目的是研究红外近距缠斗空对空导弹在空战环境下的使用问题，当时这些导弹（如AIM-9L"响尾蛇"导弹）研究成功不久，对其使用和实际效能美军还是没有多少把握。而ACEVAL试验的主要目的则是研究参战双方的飞机数量和初始状态对特定机型的目视空战格斗的影响。

美国国防部为此先后进行了F-14和F-15对F-5E的模拟空战、F-14对F-15的模拟空战以及F-16对其他飞机的模拟空战等。演训的规模都不大，一般是1对1，2对2，最多是4对4，也进行了为数不等的2对1或2对4的模拟。有不少人认为，现代空战即使开始规模较大，但由于喷气式飞机性能和使用武器的特点，在作战过程中很容易被分成若干个分队缠斗，所以研究2-4架飞机的战术战法是十分必要的。

为了让演训顺利进行，在整个模拟过程中指定的接战准则很多，有时还要为验证某个单独的问题进行额外规定。总而言之，整个模拟是按以下条件进行的：

■VF-41"黑王牌"中队的F-14A准备从"企业"号航母上起飞执行夜航任务。2001年VF-41转至"企业"号航母,完成最后的出海任务,随即开始换装F/A-18F,并更名为VFA-41(U.S. DoD)。

(1)演训范围设定在一个直径约50－60公里的有限空域内进行。这个限制主要是因为靶场要安装很多观察录像设备,超过该空域就难以把模拟中的每架飞机的情况记录下来。这一空域选择在一片广阔的、对双方都没有任何武器威胁的沙漠地带上空进行。

(2)模拟都是在日间良好天气条件下进行,这样才便于电视录像系统的工作。

(3)不纳入对双方的机场和战管雷达的攻击。

(4)演训全程没有任何地面防空火力和防空导弹参与。

(5)演训空域距离双方机场都不远,双方飞机都在其有利作战半径之内缠斗。换言之,不考虑油量的限制和因为油量限制造成对某些机型的性能设限。

(6)参演双方的飞行员都是从美国海、空军中选出来的好手,而且都是按照美军一般训练的方式和习惯来模拟。

(7)参战飞机如F-14、F-15都配备有较好的机载雷达,使用红外线缠斗导弹(AIM-9L)和雷达制导的中程导弹(AIM-7),也使用机炮。另一方的飞机如F-5E则只有测距仪或简单雷达(不能进行角度跟踪),武器也只有基本的AIM-9J红外线导弹和机炮。

（8）接战飞机在发射武器之前一定要目视识别目标，确认是"敌机"（Bandit）后才能开火。

很显然，这些接战规定和条件对模拟结果造成一定的限制。例如，最后一条规定，将使机载雷达和中程雷达制导导弹的作用大为减弱。

AIM/ACE的演训结果还是出乎了大多数人的预料。在F-15与F-5E进行的1对1和2对2的目视缠斗模拟空战中，战损比接近1比2，由F-15获胜，这一结果基本符合两种飞机的实力对比。但在1977年10月11日至13日三天之中进行的F-14对F-15的26次空战试验中，前者却取得了25比1的压倒性胜利。

这些空战一般为1对1、1对2和2对2等几种模式，飞行高度5400－11000米（约36000英尺以下），飞行速度0.9－1.0M，开始时双方距离6400－8000米（3.46－4.32海里），使用的武器为导弹和机炮，其中机炮的开火距离约300－900米。F-14有时会使用被动反制来干扰F-15的雷达跟踪。由于F-15被认为是"最纯粹的空中缠斗战斗机"，却在空中缠斗中惨败给了F-14，因而这一战果公布之后就引起了很大的轰动。

模拟空战结束后分析原因，认为可能是缠斗的条件限制了F-15性能的充分发挥，而且F-15在空战过程中多次出现了发动机熄火以致被"击落"的情况，可见当时其发动机压缩机的缺点还未克服。此外，F-14飞行员对自己飞机的熟悉程度也远高于F-15飞行员，因而在模拟空战中可以飞出许多高难度的飞行动作以摆脱对手攻击。

首战告捷

1969年9月1日，年仅27岁的利比亚陆军通信兵部队军官卡扎菲中尉发动政变，推翻了伊德里斯王朝。随即卡扎菲宣布自己晋升为上校开始掌握利比亚国家最高权力，并片面宣称收回美国在利比亚的惠勒斯空军基地（当时美国在海外的最大一个空军基地），驱逐了六千名美军。美国对卡扎菲的这一举动异常恼怒，而利比亚随后与苏联越走越近则更让美国人难以接受。

1973年，利比亚"狂人"卡扎菲上校对外宣布："从利比亚的班加西至西部米苏拉塔的岬角直线以南的雪特拉湾（Gulf of Sidra）属于利比亚的领海，任何在此水域航行的舰船都应离开该水域，否则将受到利比亚的攻击。"雪特拉湾面积大约有10.8万平方公里，美国海军第6舰队经常在这里进行演习。利比亚的这一领海要求立即遭到了美国的强烈反对，美国声称只承认利比亚海岸线外的12海里以内的水域为其领海，而且仍然会派舰队前往雪特拉湾演习。

虽然美国态度强硬，但当时处于战略守势的美国也不希望与利比亚发生冲突，所以实际上自此后美国军舰就极少进入雪特拉湾。1981年1月20日，"强人"罗纳德·里根

第二章 F-14"雄猫"作战史

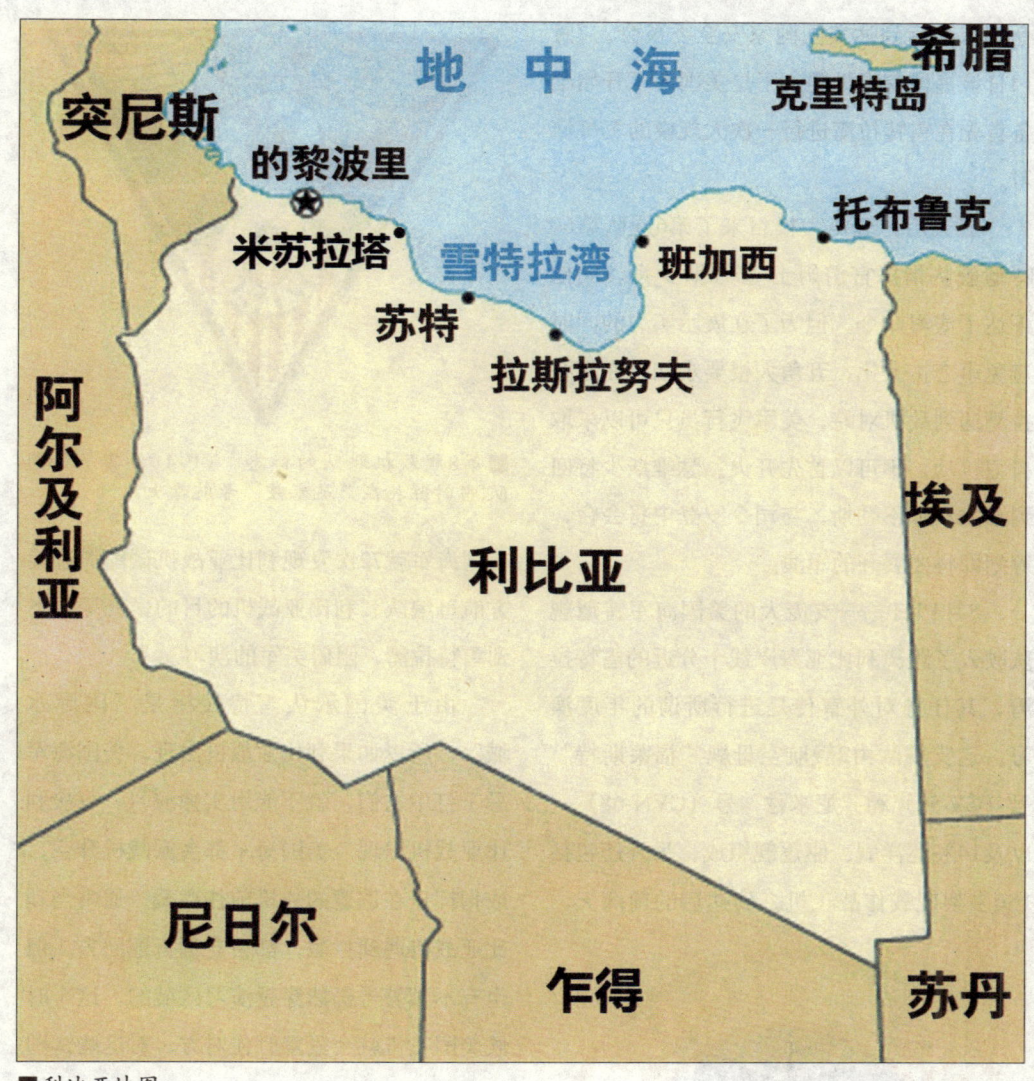

■利比亚地图。

就任美国总统。之后不久,伊朗人质事件也得到了解决,美国迫切希望重新获得世界主导者的地位。而在人质事件中极力支持伊朗的利比亚,则成了美国第一个要打击的目标,里根总统希望通过打击利比亚为自己随后推行的强硬政策打下良好的基础。同时在雪特拉湾消失多年的美国海军也希望有所作为,于是沉寂了多年的美国庞大的战争机器重新开始运转。

1981年的春天,美国海军第6舰队司令威廉·罗登中将向国防部请求重回雪特拉湾,以保证美国在地中海的军事存在。这一敏感的请求首先传到在联邦德国的美国海军驻欧总指挥部,再传到华盛顿的联合作战司

073

凌云壮志 F-14 "雄猫"战机传奇

令部，最后到达美国国家安全委员会。7月14日该提议获得批准，于是美国海军开始准备首先在雪特拉湾进行一次大规模的军事演习。

三天后，五角大楼召来了第6舰队第60特遣舰队指挥官詹姆士·瑟维斯少将，向他下达了演习命令。但为了在展示实力的同时避免事态扩大化，五角大楼要求如果在雪特拉湾遇到敌机对峙，美军飞行员只可以采取自卫机动，不可以首先开火。瑟维斯少将回到意大利那不勒斯，与司令罗登中将会合，筹划即将要展开的军演。

8月17日，一支庞大的美国海军特遣舰队驶入了距离利比亚海岸线十分近的雪特拉湾，其任务对外宣传是进行所谓的年度演习。这支舰队由2艘航空母舰"福莱斯特"号（CV-59）和"尼米兹"号（CVN-68），以及14艘巡洋舰、驱逐舰组成，另外还包括150多架舰载作战飞机。到达后的前两天，

■ 第8舰载机联队的标志。VF-41为其下属部队，当时驻扎在"尼米兹"号航母上。

美国海军就72次发现利比亚战机试图逼近美方航母编队。利比亚战机的目的，就是要飞到雪特拉湾，阻碍美军的演习。

由于美国承认雪特拉湾是"国际水域"，所以如果利比亚战机出现，美国海军忌于打中它们，就不能用实弹演习。每次利比亚战机出现，美国海军都会派战机升空，或指挥正在巡逻的战机前往拦截。通常当利比亚战机遇到拦截，都会立刻折返回去。但也有不顾警告仍然穿越演习区域的，这个时候美国飞机就会紧紧盯住对方，对这些试图"捞便宜"的飞机跟随飞行，直到对方离开为止。

这样的状态持续了两天，敌对双方也还相安无事。但在8月19日，情况却发生了异常变化。这天早上7时许，"尼米兹"号航空母舰上的雷达发现两架利比亚的Su-22战斗机正向舰队飞过来。与此同时，雪特拉湾上空一架E-2C"鹰眼"预警机也探测到敌

■ "尼米兹"号航母的标志。

第二章　F-14"雄猫"作战史

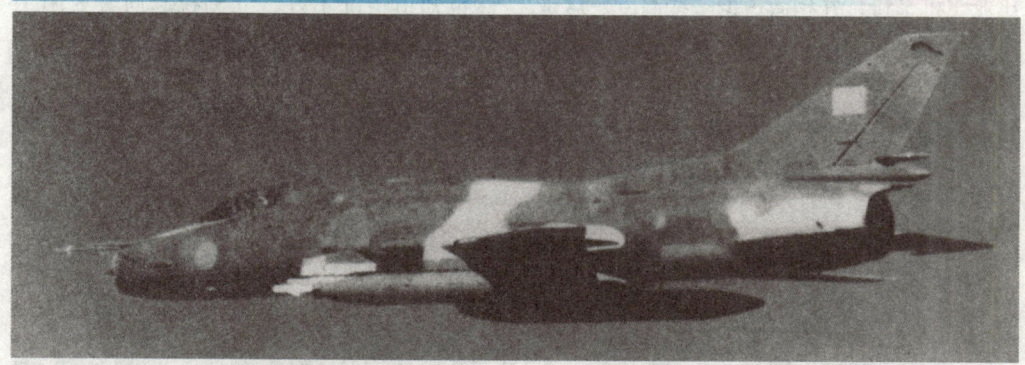

■(上及下)利比亚空军的Su-22攻击机。

机位置。两架隶属于VF-41"黑王牌"中队的F-14A"雄猫"战斗机此时正在雪特拉湾上空执行巡逻任务，于是他们马上就接到了舰队指挥官的拦截指令，随即朝着利机方向飞去。

这个F-14两机编队中，长机机号AJ102（BuNO.160403），飞行员亨利·克林曼中校，领航员大卫·温莱特上尉；僚机机号AJ107（BuNO.160390），飞行员劳伦斯·麦钦斯基上尉，领航员詹姆士·安德森上尉。

两架F-14A接近利比亚Su-22后，准备迫使它们离开己方舰队的演习区域。突然，一架Su-22向F-14A发射了一枚AA-2"环礁"空对空导弹，但没有击中目标。两架F-14A随即展开反击，分别发射了两枚AIM-9"响尾蛇"空对空导弹将两架Su-22击落。此次

凌云壮志　F-14"雄猫"战机传奇

空战发生地点距离利比亚海岸100公里,从Su-22发射导弹开始到两架Su-22被击落,总共只有短短的1分钟,所以被称为"一分钟空战"。

虽然这次空战持续时间不长,但关于其中的细节却有两种不同的说法。

● 说法之一 "偷袭"

当迎面对飞的F-14和Su-22均以800公里的时速相互接近时,长机飞行员克林曼中校命令美国飞机向左作一个180度转向,由向南飞行转为向北,使得他们同向北飞行的利比亚飞机平行,并稍微占据一些高度。这是美国飞机拦截利比亚飞机,并示意让对方离开舰队控制空域时采用的例行方式。

但F-14长机AJ102左转后,利比亚长机也跟着左转,绕到他的后方,突然朝美国飞机尾部发射了一枚红外线制导的AA-2"环礁"导弹。可能是过于匆忙地发射,导弹制导装置显然没有捕捉到足够的红外信号,而且克林曼中校也看到了Su-22机翼下的闪光,猛地操纵"雄猫"作了一个5G的左急转。

虽然克林曼中校和温莱特上尉都被紧紧压在座椅上,但是导弹扑空了。躲过了这一劫之后,克林曼中校发现自己的飞机正好已经绕到了利比亚僚机的后面,对方显然也知道情况不好,立刻拉起向着太阳飞去,希望太阳的直射光线能干扰红外制导的

■四名参战的F-14机组成员,从左至右为温莱特上尉、克林曼中校、麦钦斯基上尉、安德森上尉。

AIM-9L"响尾蛇"导弹。克林曼中校紧紧咬住对方的尾巴,逐渐缩小距离,直到最后Su-22偏离出了阳光。当他听到导弹锁定音响信号后,在距离利机1200米的距离处射出了"响尾蛇"。直接命中了Su-22机尾,爆炸触发了该机尾部的减速伞,刹那间张开一顶大伞。而飞行员也弹射出来,打开了降落伞,死里逃生落到雪特拉湾海面上,最后被利比亚方面救走。

与此同时,出手失利的利比亚长机也在转向,准备再攻击F-14僚机AJ107。但是F-14的转弯半径更小,当美机成功绕到利机的6点钟方位的时候,在800米距离发射"响尾蛇"直接把对方打得凌空爆炸,但没有发现飞行员跳伞。

● 说法之二 "括号"机动

当两架F-14接近Su-22,准备护送他们飞离演习区,Su-22迎面向F-14发射一枚AA-2"环礁"导弹。由于此型导弹是苏联最早批量生产的红外制导空对空导弹,不具备迎头发射能力,所以不能锁定迎面而来的敌机,这样利机首先发出的导弹在F-14下面经过。Su-22做了一个急转,再发射第二枚AA-2,同样没有击中F-14。

AA-2红外制导型导弹射程只有3公里,即使是雷达制导型也只有8公里,所以实际上就算Su-22能够飞到F-14后面发射AA-2导弹,由于F-14的高速和机动性极佳,在3公

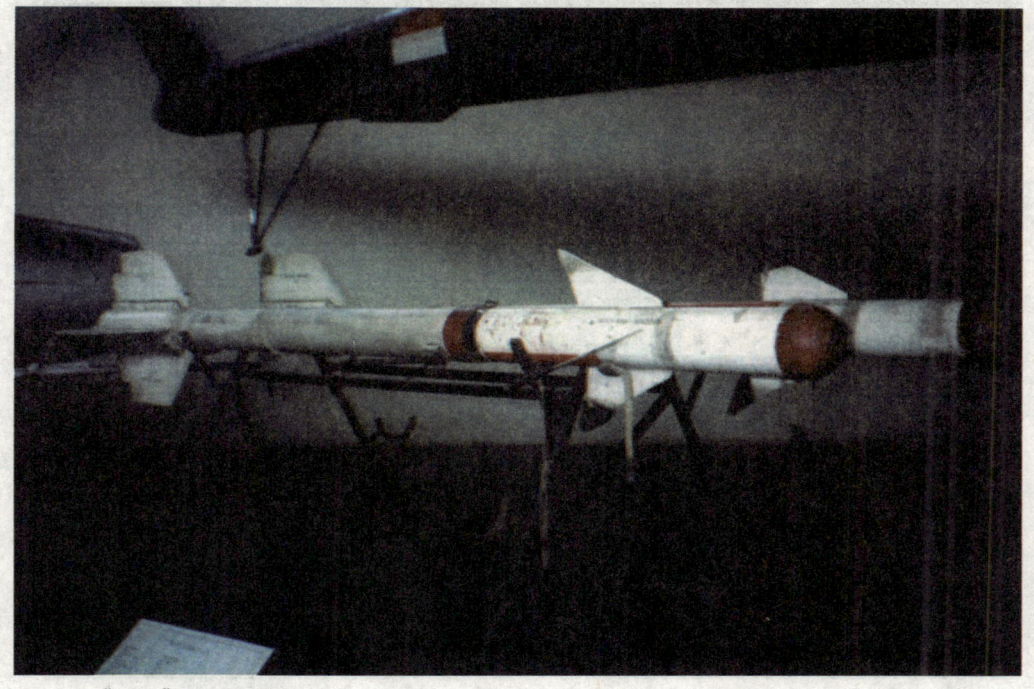

■AA-2"环礁"空对空导弹。

凌云壮志　F-14"雄猫"战机传奇

里内AA-2是追不上F-14的，因而击中的概率也是微乎其微的。

根据美军的《接战准则》，如果受到敌对方的攻击，就可以采取自卫还击。于是两架F-14散开来，作了一个"括号"（Bracket）机动，从左右两方包抄到两架Su-22的后方。由于F-14各方面性能都比Su-22好许多，速度更是超过了480公里/小时，这个动作做起来实在是轻而易举。

Su-22飞行员心知情况不妙，已准备逃回内陆，但这时候，F-14长机AJ102首先从"括号"机动中改出，发现正好绕到了利比亚僚机的后面，对方显然也知道情况不好，立刻拉起，飞向太阳，希望太阳的直射光线能干扰红外制导的"响尾蛇"导弹。克林曼中校紧紧咬住对方的尾巴，逐渐缩小距离，直到最后Su-22最后偏离了阳光。当他听到导弹锁定音响信号，在1200米距离时发射了"响尾蛇"导弹，直接命中了Su-22机尾，爆炸触发了该机尾部的减速伞，刹那间张开一顶大伞。而飞行员也弹射出来，打开了降落伞，死里逃生地落到雪特拉湾海面上，被利比亚方面救起。

稍后僚机AJ107也从"括号"机动中改出，向另一架Su-22发射了一枚AIM-9导弹，命中敌机，但导弹弹头没有引爆。即便如此，那架Su-22还是掉了下去。飞行员成功弹射逃生，后被利方救起。

■VF-41的任务管制板。（U.S. DoD）

第二章 F-14"雄猫"作战史

● 两种说法的分歧

（1）对Su-22发射AA-2导弹的情况描述不同：说法一是Su-22从尾部偷袭，并发射一枚AA-2导弹，说法二则是Su-22迎面发射两枚AA-2导弹。

（2）F-14和Su-22互相接近的情况，说法一较为详尽，而说法二可能把整个过程演绎成了一个"括号"机动。

（3）利比亚飞行员的下场：说法一称利比亚飞行员一死一获救，说法二则说全部获救。说法二可能是把看见的两个降落伞，当成两个飞行员。实际上说法一解释了其中一个可能是Su-22尾部的减速伞。

● 事件过后

空战结束后6分钟，战斗报告就从"尼米兹"号航空母舰传到了伦敦的美国海军驻欧洲指挥部，接着又传到在联邦德国斯图加特的驻欧美军总司令部。随后，华盛顿的美军参谋长联席会议主席琼斯和国防部长温伯格也得知此事。由于中东与美国的时差，华盛顿当时已是晚上。温伯格马上打长途电话到洛杉矶，向里根总统的幕僚汇报。当时是美国东部夏令时间23点05分，正在享受一个月休假的里根总统已在世纪广场旅馆那每天750美元的总统套房里就寝了。

总统助理决定不叫醒他，因为里根的工作时间最早也要到早上4点以后才能开始。到了次日早上2点30分，美国国务院所有高官、西方盟国政府，甚至驻五角大楼所有记者都知晓了这一消息，官方声明也已经发表，但只有里根总统自己还不知道。等到4点24分，里根才被叫醒，知道发生了空战。他并没有对延迟了6小时才向他报告而动怒，反而说道"如果美国飞机被击落，他们

■1981年空战中为F-14立下首功的AJ102、AJ107号机涂装。

凌云壮志　F-14"雄猫"战机传奇

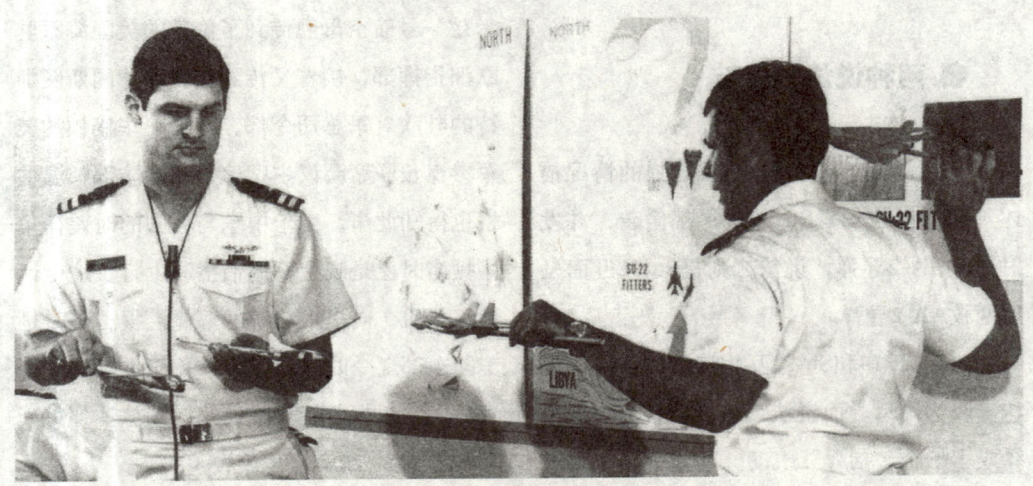

■ 正在进行空战过程演示的克林曼中校（右）、温莱特上尉（左）。

应当早把我叫醒；而如果是别人的飞机被击落，何必大惊小怪呢？"随后，里根总统以美国政府的名义就美国海军F-14战斗机遭到无端攻击一事，向利比亚政府提出正式抗议。

"狂人"卡扎菲知道了利方飞机被击落的消息时，正在南也门首都亚丁出席三国首脑会议。他对此事感到很愕然，随后发表声明谴责美国的卑鄙行为。利比亚首都电视台播放了两名飞行员的电视谈话，称他们的飞机受到8架美国海军战斗机的围攻，他们击落了一架F-14。苏联也趁此机会进行反美宣传，声称美国的行为是危险的开端。

最初美国方面因为担心恐怖分子的报复，所以一时还不敢公开飞行员姓名，直到对他们的家属采取了严密的保护措施以后才开始大规模的进行战绩宣传。很快，四名F-14飞行员就获得了"杰出飞行十字勋章"，他们的名字几乎出现在美国每份报纸的头版，而当时用的最多的一个新闻标题就是"美国海军 VS 利比亚空军＝2：0"。

这一事件后来并未扩大，双方都无意使得冲突升级。美军演习在空战后12小时宣告结束，挣够了面子的美国海军第6舰队撤离了雪特拉湾。而卡扎菲凭借这一事件巩固了他在第三世界国家中的领导地位以及他所领导的反美运动，虽然自己的飞机被击落了两架。

● 空战是否预谋？

美国《新闻周刊》曾猜测，利比亚飞行员可能是自作主张攻击美机。如果利比亚有意动手，那么完全可以派出比Su-22性能高些的MiG-23或MiG-25，甚至是"幻影"F1战斗机也有得一搏。Su-17（Su-22是其出口型）本身是多用途战斗机，兼顾对地攻击，而苏联卖给利比亚的型号Su-22M3性能更简化，利比亚事先不会不知道"以卵击石"的

VF-41"黑王牌"中队1981年空战纪念章

■ 纪念章上的文字为"雪特拉湾空战美国 VS 利比亚＝2∶0，别惹我"。

■ 纪念章上的文字为"黑王牌"中队 VS 利比亚＝2∶0"。

■ 纪念章上的文字为"黑王牌"中队的最爱。

■ VF-41空战十周年纪念章，上面文字为"第41中队利比亚遭遇战，1991年8月19日"。

危险。但是该刊也提到，从截获的利比亚飞行员与基地的通话录音可以听到，飞行员报告说"我打算开火了"，"我已经发射导弹了"，可见该举动是得到基地批准的。

《时代》杂志认为，当时还有两架MiG-23在附近徘徊，却未卷入空战中，因此看上去不像是有组织的进攻。因此可能是利比亚人存有侥幸心理，以1973年攻击美机未遭反击的先例，误判美机依旧不敢还手。

不管怎么说，无论是政治上还是军事上，这次空战在战史上还是具有相当重要的"纪念意义"的，这是美国战机自越战结束以来第一次与他国飞机进行的空战，也是世界上可变后掠翼战斗机之间的第一次实战较量。

081

凌云壮志　F-14"雄猫"战机传奇

● 后续

当年参与空战的AJ102机组成员中,克

林曼中校在1985年12月3日因天气恶劣坠机殉职,温莱特上尉后来当过假想敌飞行员和试飞员,先后飞过28种飞机,累计飞行时数超过3100小时,560次着舰,并在1981

■1983年5月19日,VF-142的F-14A正拦截Tu-95"熊"轰炸机,苏机被驱逐后飞往古巴。(U.S.DoD)

■1976年11月在苏格兰北部上空,一架VF-14的F-14A拦截一架苏联海军航空兵的Tu-16 Badger-D"獾"电子侦察机。(U.S.DoD)

第二章 F-14"雄猫"作战史

年获得海军"杰出飞行员"称号。而空战中的"明星"AJ102,现存于美国联邦空军博物馆。与AJ102的善始善终相比,AJ107的运气就差多了。1994年10月25日,转至VF-213服役的AJ107在"林肯"号(CVN-72)航母上降落的时候,发动机熄火飞机失去了控制。为了避免撞上飞行甲板上的其他飞机和人员,飞行员卡拉·胡尔特葛林上尉艰难地将F-14偏移出飞行甲板。飞机很快就掉入了大海,虽然两位机组成员都弹射出来,但胡尔特葛林上尉却不幸殉职。值得一提的是,胡尔特葛林上尉是第一位F-14女飞行员。

与熊共舞

很久以前,在广袤海洋上空曾经上演过一出持久的游戏,这个游戏被戏称为"与熊共舞",而游戏的主角是美国的F-14战斗机和苏联的轰炸机或战斗机。按照最初的设计目标,F-14的主要任务就是保护舰队防止遭到携带有空对舰导弹的苏联远程轰炸机的攻击,只要苏联轰炸机或战斗机一靠近美军的航母战斗机集群,F-14就会依照《接战准则》去"欢迎"它们。

但他们的任务不是去击落它们,而是近距离"护送"它们离开航空母舰,同时观察这些轰炸机所携带的武器,双方的照相机都会劈里啪啦响个不停。当然,在电影《壮志凌云》中"呆头鹅"(Goose)用"拍立得"相机拍摄敌机飞行员以羞辱对方的场景,在那种空气都要凝结的紧张环境之下几乎是不可能出现的。

■1982到1983年美海军在西太平洋举行的几次演习期间,VF-51的F-14A拦截Tu-95"熊"轰炸机。(U.S. DoD)

凌云壮志 | F-14"雄猫"战机传奇

■1984年11月21日F-14戒护伴飞Tu-95的镜头。(U.S. DoD)

■1986年8月11日F-14戒护伴飞Tu-95的镜头。(U.S. DoD)

第二章 F-14"雄猫"作战史

■1987年7月14日F-14戒护伴飞Il-38的镜头。（U.S. DoD）

■1985年9月1日F-14戒护伴飞Tu-142的镜头。（U.S. DoD）

凌云壮志　F-14"雄猫"战机传奇

　　1976年9月,北约在苏格兰北部海域举行大规模海上作战演习,来自"肯尼迪"号(CV-67)航母VF-14的F-14A也随舰前往。由于这是"雄猫"第一次在该区域活动,所以苏联对这种新飞机及其性能非常好奇。演习后苏联派出了大量侦察飞机尾随美航母活动,而VF-14的F-14开始承担拦截它们的重担。

　　在这些危险的接触中,Tu-95(北约代号:"熊")轰炸机出现的次数是最多的。

■VF-111的F-14A护航监视印度海军Tu-142的镜头。(U.S. DoD)

■VF-213的F-14拦截Tu-95"熊"轰炸机。(U.S.DoD)

Tu-95是苏联图波列夫飞机设计局为苏联空军研制的远程战略轰炸机,具有穿越北极攻击美国本土的远程轰炸能力。Tu-95为四发涡轮螺旋桨式亚音速轰炸机,最大航程可达14000公里。无论什么时候,只要美国航母编队驶出诺福克海军基地,"熊"就会成双成对地飞来参观。它们总是试图飞得距离航母更近一些,而"雄猫"则尽力把它们在靠得太近之前拦住去路,每一次拦截都激烈得不相上下,完全就是在进行"刺刀对刺刀的贴面较量"。

■VF-84的F-14A正在拦截已经逼近"尼米兹"号航母的Tu-95"熊"轰炸机。(U.S.DoD)

■1986年越南,VF-1的F-14A拦截Il-38。

凌云壮志　　F-14"雄猫"战机传奇

■ 1983年大西洋上空,三架VF-143的F-14A拦截Tu-95"熊"轰炸机。

■ 这张照片摄于1986年越南附近,当时正有一支庞大的美军航母战斗群经过越南附近海域,引来了大量金兰湾的苏机窥探,两架Tu-16 Badger-D"獾"电子侦察机被VF-1的F-14A拦截。

波斯战猫,落户伊朗

F-14"雄猫"战斗机只出口过一个国外客户,即伊朗帝国空军(IIAF, Imperial Iranian Air Force)。美国政府曾经为伊朗巴列维国王统治下的伊朗提供了大量的军事装备,以此希望伊朗能在对抗苏联在波斯湾地区的军事扩张中扮演重要的角色。当然独占

第二章　F-14"雄猫"作战史

伊朗的石油资源，也是美国人对其进行军售的如意算盘。1953年在美国的支持下发动政变重新上台的巴列维国王是美国在中东地区的忠实盟友，所以能将先进武器毫无保留地提供给他。

而且，伊朗的石油收益也使其有能力购买大量西方制造的武器，这其中包括诸如诺斯洛普F-5E/F"虎"、麦道F-4D/E"鬼怪"、洛克希德P-3F"猎户座"等先进战机。另外，伊朗还从英国购买了大批"酋长"和"伊朗狮"主力坦克。

1972年5月，尼克松总统访问伊朗期间，伊朗国王向他抱怨说苏联空军的MiG-25"狐蝠"已经多次侵入伊朗的领空。虽然伊朗军方的雷达网每次都能发现这种高空高速战斗机，而且还派出了F-4E对其进行拦截，但最终结果证明"鬼怪"对于"狐蝠"已经完全力不从心了，多数情况下连MiG-25的影子都看不到。如此的窘境让伊朗帝国空军的飞行员们异常沮丧，他们太需要一种能与"狐蝠"抗衡的战机了。

在这种情况下，巴列维国王希望尼克松能够提供阻止这些入侵者的更先进的战机，而尼克松则告诉他美国可以提供F-14"雄猫"或F-15"鹰鹫"式战斗机。与此同时，格鲁曼公司也正在积极地向伊朗推销自己的先进战机。

经过详细评估与测试，1973年8月伊朗方面最终选择了F-14。这一选择与巴列维国王的个人喜好有着相当大的关系，在此之前他已经先后两次观看了"雄猫"的飞行表演，一次是在巴黎航展上，另一次则是在安德鲁空军基地，格鲁曼公司为这位尊贵的主顾专门安排了一场F-14的表演秀。这样，飞行员出身的伊朗国王完全迷上了"雄猫"，为它的胜出入选大开绿灯。

此外，国王本人还希望能建立一支强大的海军力量，一旦未来能装备航空母舰的话F-14就可以马上登舰，因而后来美国出口至伊朗的"雄猫"都没有取消着舰装置。当然这种假设并非无稽之谈，当年雄心勃勃的巴列维国王甚至连核武器都想拥有，梦想成为世界上第五个核国家。而伊朗最初的核计划

■在伊朗F-14军购中起决定性作用的巴列维国王。

凌云壮志　F-14"雄猫"战机传奇

就是在巴列维时期由美国人帮助进行的，在此基础上才发展到今天这个规模。

当然选择F-14，伊朗帝国空军也有自己的实际考虑。由于伊朗是个高原、山地和荒漠等复杂地形相间的国家，现有的防空监视雷达无法有效地覆盖全国的领空，而拥有强大功率的AN/AWG-9雷达的F-14则可以弥补这一防空缺陷。据说伊朗帝国空军曾经做过这样一个计算，即拥有80-90架F-14就可以有效地控制全国的山区地带。这与当时国土面积狭小的以色列选择F-15的思想是不同的，强调近距离空战是"大卫之星"的优先考虑，远距离作战实际发生的概率微乎其微。F-14复杂异常的可变后掠翼装置也是以色列人担心之所在，相对而言F-15的机翼设计则要简单许多，这一点对于后勤维护来说是相当重要的。

很快，美国政府就批准了这项武器交易。在1974年1月签署的最初协议里只提供30架"雄猫"，但到了6月份又追加订购了50架。与此同时，伊朗政府控制的梅理银行同意向格鲁曼公司提供总值为7.5亿美元的贷款，以部分消除此前美国政府取消对格鲁曼公司20亿美元贷款所带来的负面影响。而伊朗的这笔贷款也确保了格鲁曼公司能在未来的日子里获得美国银行财团12.5亿美元的贷款，确保F-14的生产能够顺利进行，同时将格鲁曼从破产的困境中解救出来。

伊朗的"雄猫"和美国海军使用的几乎完全相同，除了缺少一些先进的航空仪器外。按照计划，伊朗F-14机群的基地将设在伊朗城市伊斯法罕。1974年5月，伊朗帝国空军的飞行员前往美国接受训练，之后不久第一批格鲁曼的飞行员也抵达了伊朗开始前期装备的工作。

由于伊朗"雄猫"的生产线开的比较晚，所以它们装备的是TF30-P-414型发动机，这种发动机要比P-412型发动机更安全。首批第一架F-14"雄猫"战斗机于1976年1月抵达伊朗，到1976年5月伊朗举行皇

■1977年，这架在卡尔维顿机场的F-14A即将运往伊朗，此时仍保留着美军的机徽。

室登基五十周年庆典的时候（1926年4月25日，巴列维国王的父亲礼萨·汗国王加冕登基），首批12架飞机全部交付完毕。此时，苏联的"狐蝠"仍在无所顾忌地进出伊朗领空，伊朗国王于是下令F-14进行AIM-54"不死鸟"导弹的实弹射击试验。

同年8月，伊朗帝国空军的飞行员驾驶F-14在15000米的高空使用AIM-54导弹击落了一架BQM-34E型靶机，苏联获知此消息后立即停止了MiG-25战斗机的越界飞行任务。

伊朗的F-14A在美国海军中的序号是从BuNO.160299到BuNO.160378，伊朗所得总共79架中的最后一架F-14A于1978年交付伊朗，而第80架伊朗的F-14（BuNO.160378）则被保留在美国进行后续的测试试验（伊朗爆发革命后，这架特殊的F-14被封存起来，后来翻修之后供太平洋武器测试中心PMTC使用）。伊朗方面还订购了714枚AIM-54"不死鸟"导弹，但实际上只有284枚交货。这些导弹与提供给美国海军的比较而言基本相同，只是在一些关键性能指标上有所降低。

伊朗帝国空军当时购买美国先进武器的装备思想是：通过购买的武器数量要大于实际使用的数量，以便在消耗性战争时不依赖美国人，尤其是在进行一场不符合美国利益的战争时。当时，伊朗帝国空军一个战斗机中队的标准配置是16架，其中12架正常服役，2架作为一般储备，剩下的2架则作为"消耗战略储备"。但F-4E战斗机中队的配置稍有不同，总共有18架，其中14架正常服

■滞留在美国的第80架伊朗空军F-14A。

凌云壮志　F-14"雄猫"战机传奇

役，2架作为一般储备，2架作为"消耗战略储备"。到了F-14A，情况又有了变化。

由于担心美国以后不会再提供F-14A这样的先进战斗机，伊朗帝国空军"雄猫"中队的编制包括20架战机，其中16架正常服役，2架作为一般储备，2架作为"消耗战略储备"。其中作为"消耗战略储备"的F-14A并不与本中队的其他战机驻扎在同一基地里，而是被单独放置在另外的存储地点。当然为了保持作战能力，这些战机上的一些关键性零件如发动机、雷达等，每年会定期发动四次，并进行全机身系统的维护检测工作。

由于每个F-14A中队拥有更多的战机数量，因此其中每一架战斗机都可以获得充足的修整时间，再加上精心的维护与保养，飞行寿命都将得到有效的延长。另外由于每个中队都有2架"消耗战略储备"，因而一旦发生战争出现损失，中队的战斗力可以获得及时的补充，这样就不会出现向美国订货，然后等上两年才能获得补充的情况。当然，如果美国人还愿意出售的话。

1978年，伊朗国内对于巴列维国王错误的经济政策已经变得难以忍受，于是出现了越来越多的骚乱，革命的浪潮开始席卷全国。1978年11月4日，军警向在德黑兰大学前集会的学生开枪，杀害了65名学生，这一惨案让伊朗国内反对国王独裁统治的运动达到了高潮。终于在1979年1月16日，已经不能掌控局势的伊朗巴列维国王逃离了自己统治了38年的国家（1980年7月27日，时年61岁的巴列维客死埃及首都开罗）。

4月1日，一个由在法国流亡了14年的什叶派领袖霍梅尼领导的伊斯兰共和国宣告成立，伊朗帝国空军也更名为伊朗伊斯兰共和国空军（IRIAF，Islamic Republic of Iran Air Force）。伊朗新政府很快就摆出了与西方国家全面对抗的姿态，霍梅尼还宣称美国是世界上最大的"撒旦"。新政府还取消了大量与西方军火商的武器合同，其中包括400

■1977年伊朗帝国空军壮观的F-14A机群。

第二章 F-14"雄猫"作战史

■伊朗帝国空军F-14中队的标志。

枚AIM-54A"不死鸟"的合同，伊朗与美国的关系也越来越紧张。

1979年10月2日，美国政府不顾伊朗当局的强烈反对抗议，同意让巴列维赴美就医，这引起了伊朗国内民众的极大不满。11月4日上午，数百名伊朗学生占领了美国驻德黑兰大使馆，扣押66名使馆人员作为人质，要求美国政府立即引渡在美国治病的伊朗前国王巴列维。显然，这一恶劣的外交事件得到了伊朗政府的支持。1980年4月7日，美国政府宣布与伊朗断绝外交关系，并开始对伊朗实行经济制裁。同时美国中断了与伊朗所有政治军事上的合作，并对其实行异常严厉的武器禁运。

西方对伊朗实行的武器禁运，立即使伊朗空军面临飞机零件得不到更换的严重问题。甚至是一些装备最好的部队也得不到正常的训练，没有西方合约的帮助他们几乎什么也干不了。由信奉正统伊斯兰教的人引发的政治剧变和清算使情况变得越来越糟，许多原为接受美式训练的飞行员和地勤人员都

■挂载4枚AIM-54"不死鸟"、2枚AIM-7"麻雀"和2枚AIM-9"响尾蛇"导弹的伊朗帝国空军F-14A，结束了在德黑兰以西的一次战斗巡逻任务后正飞向迈赫拉巴德机场的跑道。

凌云壮志　F-14"雄猫"战机传奇

先后逃到了海外，专业空军人员的缺口也越来越大。到了1980年，伊朗伊斯兰共和国空军只能算是伊朗帝国空军的一个空壳。

美国人的禁运令对于"雄猫"来说更加的严厉，即使是与其相关的哪怕是最普通的一个铆钉也不允许流入伊朗境内。另外有消息称这79架F-14A"雄猫"战斗机在1979年8月也许就已经受到了损坏，这可能是由格鲁曼公司的技术人员在伊朗国王逃走前暗中完成的，也可能是由伊朗空军中的亲西方分子进行的，甚至还可能是伊朗伊斯兰革命者自己干的，因为他们不希望自己的空军沾染任何亲西方的东西。

米格杀手

在与美国彻底决裂之后，伊朗和伊拉克的关系也逐渐开始恶化。两伊边界全长1280公里，南部有长约100公里的界河——阿拉伯河，如此长的接壤线使得这两个种族不同的古国长期以来就不断地为领土问题发生着大小争端。特别是围绕阿拉伯河界的争端尤为突出。阿拉伯河对两伊来说都是重要的水道，两个国家的大油田、大油港和主要炼油厂也都集中在这条河的两岸。

而且阿拉伯河还是伊拉克唯一的出海口，而伊拉克的经济又几乎全靠出口石油为其支柱，只有通过波斯湾，石油才可源源不断地对外出口。所以，两国在阿拉伯河的主权问题上长期存在着争议。霍梅尼上台后推行强势外交路线，与伊拉克的萨达姆·侯赛因发生了更加激烈的正面冲突。

1980年9月22日两伊战争终于全面爆发，伊拉克空军率先攻击了6个伊朗空军基地和4个陆军基地，紧接着伊拉克的地面部队在700公里长的战线上分四路对伊朗发动了进攻。伊朗在仓促之下应战，一方面全线拼死抵抗，一方面空军出动战机对巴格达、巴士拉等伊拉克重要城市实施轰炸。此后，双方就陷入了旷日持久的地面拉锯战之中。

战争期间，双方的空军并没有扮演十分重要的角色，因为他们都不能很有效地运用

■ 伊朗伊斯兰共和国空军的F-14A。

第二章 F-14"雄猫"作战史

手中的先进战机,这就像我们即使穿上了明星球员罗纳尔多昂贵的足球鞋也不能像他那样踢好球是一样的道理,大家都是掌握着高科技武器却进行着低水平的战斗。在整个战争期间战斗机之间的大规模空战并不多。在战争的第一个阶段,伊朗空军的战斗机在航电设备、空战兵器、作战半径和续航力方面占有一定的优势,但双方在使用红外制导导弹时由于经验不足作战效果都不是很理想。

最初,伊朗飞行员在训练水平和实战经验方面中还高出伊拉克一等,不过随着战争的进行,这种优势逐渐丧失殆尽。因为无休止的清算,一些资深的军官和飞行员被怀疑对伊斯兰正统思想不忠或和西方有联系而被清除出空军队伍。与此相反,伊拉克空军的实力却在不断提升。1982年以后,伊拉克空军的训练水平得到了大幅提高,并且还从法国的军火制造商那里获得了更新更好的武器装备,特别是达梭公司的"超级军旗"和"幻影"F-1EQ战斗机。

"幻影"F-1EQ战斗机可以发射攻击角度可达140度的玛特拉R.550"魔术"空对空导弹,具有对头机动攻击、大G发射和良好的机动性能等,要比当时苏联空军制式装备"环礁"导弹先进许多。伊拉克在1982年以后发生的大部分空战中占据优势,到1983年以后伊朗空军出动的机会就更少了,除非是他们已经事先获知了伊拉克战斗机的飞行路

■伊朗伊斯兰共和国空军F-14飞行员在伊斯法罕机场的留影。

凌云壮志 F-14"雄猫"战机传奇

线,他们才会进行设计周详的伏击行动。此时伊朗空军甚至不能维持每天30－60批的飞行,而伊拉克空军的活动却是逐年上升,在1986－1988年间更是达到了最高峰每天出动600批。战争后期,伊朗空军手中可使用的飞机只有60架左右,而伊拉克空军却超过了600架。

而此时在伊朗空军中服役的F-14由于零部件的缺乏,因而每次只有很少的一部分能够保持良好的飞行状态。西方的权威人士普遍认为在伊朗空军中正常服役的"雄猫"数量维持在一个非常低的水平,常常是10架以下,而剩下的则提供宝贵的零配件充当"拆件机"的角色。1984年的夏天,五角大楼估计伊朗只有15－20架F-14能正常起降。即便如此,这些宝贵的"波斯猫"还是在两伊战争中发挥了巨大的作用。

战争初期,伊拉克空军的主要轰炸目标是伊朗的工业目标,尤其是石油相关设施,他们希望一举将伊朗的工业基础和石油生产能力摧毁,以毁灭伊朗的战争潜力和经济命脉。然而伊拉克人的如意算盘落空了,因为这些重要设施都是由"雄猫"来守卫的,派出去执行轰炸任务的战机大多损失惨重。面对这种情况,伊拉克空军改变了轰炸策略,改为轰炸那些F-14A顾及不到的重要性较小的目标。

一旦察觉被F-14的AN/AWG-9雷达探测到,伊拉克战机飞行员就会立即折返取消任务,真正到了"谈猫色变"的地步。这种状

■起飞导引员的手势充满另类逻辑。(U.S. Navy)

况甚至延续到了1991年的海湾战争,只要发现自己被美军的F-14盯上了,伊拉克人就会立马消失得无影无踪,这恐怕也是"雄猫"在那次战争中没有取得多少战绩的原因之一吧。

由于战争双方基于各自宣传的目的,不可能公布各自空战损失的详细情况,因而要真实了解F-14的作战情况是十分困难的。根据伊朗方面的资料,在战争期间有45-50架的伊拉克战斗机被"雄猫"击落,其中包括15架"幻影"F-1、11架MiG-21、6架MiG-23、6架MiG-25、5架Su-22、1架Su-20、1架Mi-25(大型苏制武装攻击直升机)、1架Tu-16、2架Tu-22等(大部分为AIM-54导弹击落),而自己在空战中则只损失了1架F-14。

战争刚开始的时候,伊朗空军每架次F-14出动执行任务一般都会携带4-6枚AIM-54导弹,当遇到伊拉克空军双机或者四机编队时伊朗飞行员就会使用它进行攻击。通常情况下,只要击落其中的一架战机,就会迫使伊拉克战机编队中的其余战机仓皇逃窜。伊朗飞行员对于AIM-54导弹的使用是全方位的,他们在距敌机近至15公里,远至120公里的各个距离上都曾发射并取得过战绩。甚至还有几次AIM-54命中了目标但没有爆炸,然而其产生的强大冲击力还是将伊拉克战斗机"撞"毁。

早在两伊战争爆发之前,伊朗空军F-14的表演就已经提前开始了。1980年9月10日

■1984年5月13日,马里兰州帕塔克森特河海军航空站,挂载在F-14A战机上的AIM-54A"不死鸟"导弹。(U.S. DoD)

凌云壮志　F-14"雄猫"战机传奇

早晨，两架伊拉克空军的MiG-21R侦察机侵入伊朗西南部城市霍拉姆沙赫尔地区上空，伊朗空军起飞两架F-14对其进行拦截。早上8点左右，F-14编队在霍斯拉维边境地区上空发现了目标，立即发射了AIM-9导弹将其中一架米格机击落。如果该战绩属实的话，那么"雄猫"的首次战绩就是由伊朗人完成，这对美国人来说是个莫大的讽刺。

10月26日，在伊朗西南部城市阿瓦士以北的沙希德·阿萨耶地区上空，由伊朗空军阿巴斯·哈金少校和阿克巴里上尉分别驾驶的两架F-14发现了两架伊拉克空军MiG-21MF战斗机。哈金少校他们驾机悄悄地接近了这两架敌机而没有被发现，由于当时"雄猫"没有挂载AIM-54导弹，所以哈金少校一直飞到距离米格机很近的地方才发射了一枚AIM-9导弹。在一团炫目的火球中，MiG-21MF战斗机被炸成了碎片。由于距离太近，哈金少校座机的机翼被一些飞机碎片击中，左侧发动机也吸入了部分碎片。

刹那间，这架F-14左发动机就熄火了，开始冒出浓烟，驾驶舱里的火警警报灯也闪个不停。此时哈金少校还发现原来挂在左侧机翼挂架上的AIM-7和AIM-9也已经消失得无影无踪了，也许是刚才的强烈爆炸冲击波将它们震脱落了吧。镇定自若的哈金少校最后驾驶F-14从爆炸的火焰中冲了出来，发现僚机阿克巴里上尉已经用两枚AIM-9导弹将另外一架米格机解决了。

当时该地区还有另外两架伊拉克的米格战斗机在不远处，但一看情况不妙就匆匆扔下炸弹逃走了。虽然失去了一半的动力，哈金少校还是在阿克巴里上尉护卫下驾驶受重伤的"雄猫"返回了哈塔米空军基地。在地勤人员的维修下，这架大难不死的F-14很快又加入了伊朗空军的战斗序列。在哈金少校的飞行生涯中，驾驶F-14曾经遇到过两次严重的机械故障，但都凭借高超的飞行技术安全地将飞机开回了基地。1991年，战功卓著的阿巴斯·哈金获擢升为中将。

12月2日清晨，伊朗空军第82战术战斗机中队的德汗上尉（以前是C-130运输机飞行员，由此可见大清算的可怕）正驾驶F-14在布什尔以西125公里的空域巡逻，以保护哈克岛附近的石油钻井平台的安全。突然，伊朗空军地面控制中心发来警告说数架MiG-21战斗机正从北面向他高速接近，此时距离为36公里。德汗上尉后座的领航员迅速操作雷达，锁定了最前面的两架米格机，双方之间只剩下18公里的距离。

对于AIM-54导弹来说这个发射距离太近了，但德汗上尉权衡了一下之后还是决定使用它，以免进入对灵活轻便的MiG-21有利的近距离格斗中。F-14领航员选择了对头发射模式，随即射出了机腹下的一枚AIM-54导弹。很快，德汗上尉就看到在远处海面上溅起了一个巨大的浪花，而另外一架MiG-21以及跟在后面的Su-20攻击机群立即转向折返。也许这就是AIM-54"不死鸟"远距离空对空导弹取得的第一个击落战绩，而且还是由伊朗空军飞行员完成的。

1983年1月16日，从七个机场起飞的伊拉克空军40余架Su-20、Su-22MK3、MIG-23BN攻击机，在"幻影"F-1EQ、MiG-23MS以及新近购得的MiG-23MF战斗机的掩护下，准备大规模空袭伊朗西南部的胡齐斯坦省。为了对付最头疼的"雄猫"，伊拉克参谋人员制定了详细的作战计划，即护航战斗机从不同方向同时接近并向巡逻的伊朗空军F-14战斗机发起攻击，此时攻击机就可以不受干扰地空袭预定目标了。

虽然作战计划很不错，但在此之前伊拉克空军指挥官还没有指挥过如此复杂的大机群作战，而且飞行员也从未接受过在这方面的训练，必然存在着协同作战的问题。后来的实际作战过程也证明这个作战计划是脱离实际的，所有伊拉克的参战战斗机都没有按照计划同时到达预定目标空域，因而"雄猫"可以从容不迫地一个一个的解决对手。

中午12点10分，第一个MiG-23BN四机编队在起飞后不久就被伊朗雷达发现了。当他们刚刚从波斯湾飞入伊朗境内不久，两架F-14就如神兵天降般出现在面前。很快，两枚AIM-54就打下了两架米格机；余下的伊拉克战机闻风而逃。13点15分，伊朗空军的早期预警雷达系统又探测到了一个伊拉克战斗机编队出现在巴士拉地区上空。此时前面那两架F-14在海湾北部上空刚刚完成了空中

■F-14A后座雷达拦截官（RIO，Radar Intercept Officer）席位上的战术情报显示器（TID，Tactical Information Display）。（U.S. DoD）

凌云壮志　F-14"雄猫"战机传奇

加油,于是再次发射了两枚AIM-54,将两架还没有进入伊朗国境的米格机击落。

1986年7月2日,"雄猫"取得了一个令人振奋的空战战绩,在己方F-5战斗机的配合下一举将伊拉克王牌飞行员"天隼"穆罕默德·雷耶尔上校驾驶的MiG-25战斗机击落,这也是F-14开战以来击落的第7架"狐蝠"。当时雷耶尔执行完护航任务正在返回基地的途中,伊朗空军的一架F-14和一架F-5同时盯上了他,并悄悄地跟在他的后面。而雷耶尔则一直都没有察觉,依然驾驶MiG-25保持低空低速的飞行状态向伊拉克方向飞去。最后,在F-14发射的AIM-54和F-5机炮炮弹的双重打击下,终结了雷耶尔上校和他的"狐蝠"的传奇。这一战果,让伊朗空军彻底摆脱了"狐蝠恐惧症",也充分体现了当初购买F-14的真正价值之所在。

由于拥有功率强大的雷达,F-14经常被用来扮演小型预警机的角色,通常执行这样的任务在战斗中是不会有什么危险的,但还是有部分"雄猫"在战争中被击落。为了保护德黑兰等大城市的安全,伊朗空军将空战能力极强的F-14分散在这些城市附近驻防,未能使其形成强有力的空中进攻力量,反而成为了防御性武器,处于被动挨打的状况,因而也给了伊拉克人逐个击破的可能。

1982年11月21日,伊拉克空军首次宣布击落了一架伊朗的F-14A战斗机,而击落它的是"幻影"F-1EQ战斗机。当天凌晨,6架F-1EQ战斗机正掩护Tu-22轰炸机

■ 由波音KC-135E加油机为F-14进行加油。(U.S. DoD)

■在飞行任务中看F-14A画刊？难得一见的镜头。（U.S. DoD）

群前往德黑兰执行轰炸任务。返航途中，1架F-1EQ突然捕获到了AN/AWG-9雷达的信号，伊朗空军3架F-14A正全速向他们逼近。6架F-1EQ迅速展开战斗队形，此时他们共配备有14枚玛特拉R.550"魔术"空对空导弹。也许"雄猫"根本就没把F-1EQ放在眼里，和他们进入了近距离缠斗。

经过几个回合的较量，数量占优的F-1EQ开始占据上风。一架F-1EQ成功地咬住了一架F-14的尾巴，随即发射了一枚R.550导弹将其击落，后者坠毁在德黑兰郊区的荒地上。此次空战的胜利，不仅打破了F-14"不可战胜"的神话，更让伊拉克飞行员相信"我们不再是伊朗飞机的'免费午餐'了"。

这之后，一架伊拉克空军的MiG-21据称也击落了一架F-14，而被俘的伊朗飞行员事后不服气地对伊拉克人说，他很奇怪地看到伊拉克的MiG-21竟然击落了F-14这样先进的战斗机。1983年9月11日，两架伊朗的F-14战斗机在企图拦截伊拉克战斗机的过程中被击落。1983年11月4日，一架F-14在与伊拉克战斗机的空中缠斗中被击落，另一架则在1983年11月21日的空战中被击落，相同的遭遇还在1984年2月24日和7月1日两次降临到"雄猫"的身上。

伊拉克宣称他们在1984年8月11日这一天里就击落了4架F-14A，而且还是由F-1EQ战斗机击落。虽然无法判断上述消息的真实性，但可以肯定的是这些也不全都是宣传。

凌云壮志　F-14"雄猫"战机传奇

■ 至少有6架伊朗空军的F-14A编队飞行，今天我们已经很难看到这样壮观的景象了。

两伊战争期间，西方媒体一再宣称伊朗空军手中能飞行的F-14已经所剩无几了，而伊朗方面则反驳称这些西方的评估只是"帝国主义的宣传"罢了，同时自称还有大量的"雄猫"仍在服役。在1985年2月11日德黑兰举行的一次大型群众集会中，至少有25架F-14A以密集编队的方式飞过了沸腾的人群头顶，这令大多数人都大跌眼镜。尽管处于西方的武器禁运下，伊朗似乎能够最低限度地保持对飞行中的F-14A、F-4D/E和F-5E/F战斗机的零件的稳定供应。

一些零件可能是由以色列偷运至伊朗的，还有一些零件可能是美国政府在处理"武器换人质"事件（即"伊朗门"事件）中提供给伊朗的，以使其能够促使在黎巴嫩被绑架的美国人质尽快获释。1988年7月3日，一架伊朗航空655号班机被美国海军"卡尔·文森"号航母上发射的导弹击落，290名无辜乘客丧命，这场悲剧是由于舰队雷达操作员把"空中巴士"A300误判断为伊朗空军的F-14所致。由此可见，美军对于伊朗人手中的F-14还是十分忌惮的。

此后又有传闻称，伊朗的F-14A具备了携带空对地、空对舰导弹的能力，而改装工作则是在原来的死对头——苏联的帮助下完成的。尽管伊朗政府当时是持反共立场的，共产党的活动在伊朗是被明令禁止的，但还是有许多流传了很长时间的谣言，宣称一架或数架F-14战斗机从伊朗被运送到了苏联以换取其他的武器援助。

据说，至少有一架F-14叛逃到了苏联。所有的证据似乎都表明，F-14以及其上的AN/AWG-9雷达和AIM-54导弹在那个时候已经毫无秘密可言了。更有甚者，西方媒体宣称苏联在研究AIM-54导弹的基础上，发展出了R-33"阿摩司"远程空对空导弹（西方称为AA-9）。自然，这也是冷战时期美、苏两国舆论战的典范。

无言的结局

时至今日,美国海军已经退役了所有的F-14战斗机,而伊朗空军却依然声称保持着一定数量状态良好的F-14。即便如此,伊朗空军F-14坠毁事故却时有耳闻。2004年6月21日,伊朗国家电视台报道称一架伊朗空军的F-14战斗机在伊斯法罕省坠毁,机上两名飞行员全部丧生。虽然该报道没有提及坠毁原因,但零件的缺乏绝对是不可回避的原因之一。面对机体寿限将至的宿命,这群曾经叱咤波斯湾三十余年的"波斯猫"已经失去了往日那令人生畏的力量。

武装侦察

装备了TARPS侦察设备的F-14A,对内战中的黎巴嫩进行过多次空中侦察。1982年下半年,F-14A在对黎巴嫩首都贝鲁特进行的几次侦察任务中都受到了叙利亚地面防空火力的猛烈攻击。12月3日,两架VF-31的F-14A在贝鲁特附近遭到了叙利亚地面高炮和至少十枚地空导弹的联合攻击,为此美国总统里根决定让"肯尼迪"号航空母舰上的第3舰载机联队对叙利亚防空目标实施空中打击。"雄猫"为攻击机群提供空中保护,但没有遇到敌战机的挑战。但在对地面的攻击行动中,美国海军一架A-7和一架A-6攻击机被地面发射的SA-7肩射式导弹击落,其中A-6飞行员遇难、领航员成为战俘(数星期后被释放),A-7飞行员安全弹射并被友军救起。

虽然战场上空充满危机,但"雄猫"的侦察飞行任务还得继续进行。1982年12月6日的下午,10架F-14A同时出动对贝鲁特实

■1992年5月2日,这架停在圣地亚哥米拉玛海军航空站的F-14A是美国海军战斗机武器学校在当年重漆的伊朗空军涂装,作为太平洋舰队基地中队空战训练时的敌机使用。(U.S. DoD)

凌云壮志　F-14"雄猫"战机传奇

■VF-31机群在航母上的整备情形。（U.S. DoD）

施了侦察。对于这次高密度的侦察行动，美国中央情报局的局长斯坦斯菲尔德·特纳表示了不理解，他认为在这种情况下使用美国空军的SR-71侦察机效果会更好，而且危险也会更小些。当然，出动如此规模的F-14进行侦察的主要目的还是为了炫耀武力。这之后，F-14在黎巴嫩的这种侦察任务又持续了好几年，万幸的是没有一架被击落。

1983年4月，两架从"美利坚"号航母（CV-66）起飞的F-14在对索马里的柏培拉港进行侦察时遭到了索马里反政府武装的攻击。美军是应索马里政府的要求进行这次行动的，"雄猫"安全返回航母后，拍摄的照片被送给索马里政府。在同年10月美军入侵格林纳达的行动中，F-14还为陆战队和游骑兵特种部队提供了空中情报支援。

空中拦截

1985年10月5日，意大利一艘名为"阿基莱·劳伦"号的游轮在离开埃及亚力山大港后被巴勒斯坦解放组织的武装分子劫持，企图迫使以色列政府释放关押的有关政治犯和武装分子。在劫持过程中，武装分子杀害了一名美国人。为了保证人质的安全，埃及政府向武装分子保证如果他们释放人质就不会被引渡到意大利，但此时埃及方面还不知道他们已经杀害了一名人质。经过考虑，武装分子决定答应埃及提出的要求，将游轮驶向埃及并释放了全部人质。在埃及政府的安排下，10月10日的晚上武装分子搭乘埃及安排的波音737客机飞往叙利亚。

接到有美国人质被杀的消息后，美国总统里根立即命令巡弋在地中海水域的美国第6舰队必需采取行动阻止这架搭载着武装分子的飞机飞往卡扎菲控制下的利比亚，行动代号为"空降截夺"。美国海军"萨拉托加"号（CV-60）航空母舰上起飞的舰载机和美国空军派出的战斗机参加了这次行动，而来自VF-74和VF-103多达7架的F-14B战斗机则是行动的主角，其中4架飞机负责拦截波音737（VF-74和VF-103各2架），另外3架则在高空区飞行以应对利比亚战斗机对美军战机可能采取的攻击行动。

另外,还有一架E-2C预警机、四架KA-6D加油机、一架EA-6B、一架EA-3B和一架RC-135电子战飞机配合"雄猫"的行动。当那架波音737进入E-2C预警机的监控范围之后,就引导F-14A进入指定位置实施拦截行动。F-14靠近客机后就打开了所有航灯,并全部保持无线电静默,只使用先进的信息数据资料链交换设备进行联络。四架"雄猫"分别占据了波音737前后左右四个方向,以"纸牌"队形将其团团围住,并不断开关方位灯以提示波音737飞行员按照战机的飞行路线进行跟随飞行。无法脱身的埃及客机只能转变航向,并最终降落在意大利西西里岛上的西格内拉海军航空站。在那里,美国海军的海豹突击队包围了客机,并成功制服了武装分子。

虽然此次行动从军事角度来说是相当成功的,是由多架不同种类战机进行的一次经典的空中协同作战,但却招致了国际社会上如潮的指责,尤其是让埃及政府在世界舞台上大丢颜面更是让埃及人难以接受。

再战利比亚

● 激化

1981年发生的"一分钟空战"让利比亚和美国的关系愈加水火不容。1982年里根总统决定对利比亚实施石油禁运制裁,1986年1月又宣布对利比亚实施全面经济制裁,并冻结了利比亚在美国的全部资产,此时的利美两国已经像两个杀红了眼的仇人一样随时都有可能爆发更为激烈的冲突。果然美国在1986年借口利比亚参与了几起针对美国人的恐怖袭击,又先后两次对利比亚进行了军事打击。其中在当年4月14日代号"黄金峡谷"的轰炸的黎波里和班加西的行动中,差点将卡扎菲炸死。

■ 被劫持的意大利"阿基莱·劳伦"号邮轮。

凌云壮志　F-14"雄猫"战机传奇

1988年年底,美国政府根据中央情报局的情报,开始指责利比亚在其首都西南50英里处的阿布塔建有一个大型化学武器工厂,主要生产芥子毒气和化学神经毒气。消息传出,世界舆论一片哗然,而美国民众对此的反应更加强烈。里根总统在一次电视采访中直言不讳地表示,美国不排除对这个化学武器工厂实施军事打击的可能。五角大楼的决策者们甚至开始筹划用"战斧"巡航导弹攻击该工厂的计划,这样就可以把可能发生的伤亡减少到最低。而更令美国担心的是,有情报显示伊拉克正在帮助利比亚研制核武器。很快,美国海军"罗斯福"号(CVN-71)航母战斗群开始从诺福克海军基地启程前往地中海,与正在该海域执勤的"肯尼迪"号航空母舰编队会师,对利比亚形成了强大的军事压力。

1988年12月21日,美国泛美航空公司一架波音747客机在从德国法兰克福飞往英国的途中,在苏格兰一个小镇洛克比上空发生剧烈爆炸,机上258名乘客全部遇难,其中大部分是美国人。事故经初步调查发现,这次爆炸很明显是恐怖分子所为。虽然最终的调查结果还没有出来,但美国根据初步搜集到的情报已经将这笔账又算到了卡扎菲的头上。一时间,地中海上空战云密布,利比亚

■ "肯尼迪"号航母及其空中编队。

第二章 F-14"雄猫"作战史

■"肯尼迪"号航母徽章。

与美国的第三次冲突随时都可能发生。

■第3舰载机联队徽章。

● 再次较量

1989年1月4日的早上,"肯尼迪"号航母战斗群正在地中海克里特岛附近海域巡弋。两架由航母上起飞的F-14A"雄猫"战斗机正在空中执行战斗巡逻任务,为即将进行实弹攻击演习的A-6攻击机群提供空中保护。这两架F-14A隶属于"肯尼迪"号上第3舰载机联队(CVW-3,Carrier Air Wing Three)的VF-32"剑士"中队,代号分别为AC202和AC207。

长机AC207(出厂序号BuNO.159610)的飞行员为VF-32的中队长约瑟夫·康诺里中校,领航员为尼奥·昂赖特中校。僚机AC202(出厂序号BuNO.159437)的飞行员为赫尔曼·库克上尉,领航员斯蒂芬·科林斯少校。由于当时在美国国内热播的一个电视

■VF-32"剑士"中队徽章。

剧集中的主角名叫赫尔曼·蒙斯特,而库克上尉的名字与他的正好一样,所以科林斯少校经常称库克上尉为"蒙斯特"。

虽然名义上这两架F-14A是为A-6攻击机群提供保护,但其真正任务是为一架RC-135"联合铆钉"电子侦察机护航。当时,

107

凌云壮志　F-14"雄猫"战机传奇

这架RC-135正沿着利比亚海岸线飞行,监视利比亚方面对美军演习行动的反应。所以F-14A上的飞行员都很清楚,与利比亚战斗机随时都可能发生冲突。临近中午的时候,美国E-2C"鹰眼"预警机的雷达探测到有两架利比亚飞机从利比亚东北部港口城市托布鲁克的阿尔邦布空军基地起飞,正向A-6攻击机群飞来。得到预警后,A-6攻击机群迅速离开了危险区域,而F-14A双机则接到命令前往拦截。

上午11时57分,F-14A双机正飞行在6100米的高空。这时,长机AC207的领航员昂赖特中校在雷达屏幕上发现了这两架利比亚飞机。这些"妖怪"(美国飞行员经常将任何潜在的敌对飞机称作妖怪〔Bogey〕)当时高度为3000米,距离F-14只有72海里。于是F-14A双机开始加快速度,径直向利机飞去。接着两架利比亚飞机降低高度至2500米,速度为800公里/小时。为了避免发生冲突,AC207开始右转40度,并完成了一个小筋斗机动。

F-14A的这一动作明确地告诉利比亚人:我们不想与你们发生冲突,此时距离利机只有61海里。但令美国飞行员讶异的是,利比亚飞机也进行了快速的急转动作以恢复与F-14A的机头相对的状态。米格机通常携带有雷达制导的AA-7"顶点"空对空导弹(苏联当时的编号为R-23)和AA-8"蚜虫"空对空导弹(苏联当时的编号为R-60)。"蚜虫"导弹是用追踪敌机发动机

■ VF-32"剑士"中队的F-14A和E-2C"鹰眼"预警机。

第二章 F-14"雄猫"作战史

■正在地中海上空沿利比亚海岸飞行的利比亚空军米格-23MS双机编队。

喷口排出废气的热源来锁定目标的,而"顶点"导弹则被用作对头攻击。

11时58分,AC207左转20度的时候,利机也跟着实施了机动,向右闪去。随即,两架F-14A开始一起降低高度至1000米低空。这样位置较低的F-14A可以利用AWG-9雷达对利比亚飞机有个更清楚的观察,而处于高处的米格机上的苏制机载雷达则要受到海面杂波的强烈干扰。很快,这两架利比亚飞机被证实都是MiG-23MS"鞭鞑者"可变后掠翼战斗机。

虽然F-14、MiG-23是当时东西方两大阵营设计生产制造的最优秀的两种可变后掠翼战斗机,但不可否认两者之间仍然存在着巨大的技术"代沟"。F-14"雄猫"战斗机是美国海军的主力重型可变后掠翼舰载战斗机,其主要任务是舰队防空、侦察和空中支援等,是一种典型的空优战机。F-14A于

20世纪60年代末开始研制,1970年12月首飞成功,并于1972年6月开始交付美国海军使用。

而MiG-23则于1963年开始设计,1967年6月首飞,1970年开始装备苏联歼击轰炸航空兵部队。与F-14A进行空战的是MiG-23MS型,它是MiG-23M的另一个出口型(还有一个是MiG-23MF型),性能上两者基本相当。仅从时间上来看,似乎MiG-23占了先机,但事实上它却是一种"迟到"的战斗机。

MiG-23是MiG-21的后续机,是苏联在加强前线航空兵战术攻击力量的指导思想下发展而来的,其未来空中作战的主要假想敌是美国F-4战斗机。由于在赫鲁晓夫时代极端强调弹道导弹的作用,而忽视了新一代前线战斗机的研制,所以等MiG-23开始服役的时候,已经落后F-4战斗机近十年的时间

凌云壮志 F-14"雄猫"战机传奇

■(上及下)MiG-23"鞭挞者"战机。

了,而更为可悲的是此时F-14A也出现了。同为第二代战斗机的MiG-23与F-4,前者空战性能占优,后者载弹量大,基本上可以打个平手。

但当面对第三代战斗机中的佼佼者F-14A时,MiG-23就完全处于下风了。此外,MiG-23MS装备了RP-22火控雷达,其最大有效搜索距离仅为25公里,只能实现半自动制导,不具备中、远距离空战能力。所以当利比亚的MiG-23MS碰到装备有AWG-9

第二章　F-14"雄猫"作战史

■AA-7"顶点"导弹。

雷达和TCS装置的F-14A时，在中远空距离上基本是没有任何还手的机会的。

武器配置方面，MiG-23MS上AA-7"顶点"中距拦射弹和AA-8"蚜虫"红外近距离格斗导弹的组成则显得异常的寒酸。AA-7和AA-8都是"三角旗"机械制造设计局的产品，最大射程分别只有35公里和3公里，与F-14A空战中处于绝对的劣势。如此对比下来，这次空战的最终结果也就不言自明了。

当双方距离只有53海里的时候，AC207和AC202再次向左方转去，高度也已经下降至900米。突然，MiG-23MS开始加速扑来，于是F-14A双机也开始加速，并右转30度。在地面雷达引导之下，两架MiG-23MS始终用机鼻对着F-14A，摆出一种空中决战的态势。在此期间，美国海军的E-2C预警机监听到利比亚地面控制人员多次命令米格机的飞行员要紧紧咬住"雄猫"。

■AA-8"蚜虫"导弹。

很快，两架F-14A锁定了MiG-23MS编队，但利比亚人依然沉着地、坚定地向美国人飞去。一般情况下，当利比亚战机被F-14A的AWG-9雷达锁定后，其机舱内的报警系统会响个不停。接下来利比亚飞行员会向地面指挥人员汇报自己已经被F-14A锁定，而利比亚地面人员则马上会告诉飞行员立刻结束任务返回基地。虽然此前许多次拦截利比亚飞机都是这样的结果，但这一次情况却发生了根本性的变化，美国人惊奇地发现利比亚飞行员一直没有向地面发送任何告警信息。F-14A的机组成员、E-2C上的空中

111

凌云壮志　F-14"雄猫"战机传奇

管制人员（代号为Close Out）和航母上的战术司令部的指挥人员（代号为Alfa Bravo）简直不敢相信会发生这一幕，因为米格机的这种行为无异于自杀。

当F-14A距离MiG-23MS只有35海里的时候，战术司令部向E-2C预警机上的空中管制员发出了黄色警示，随即"鹰眼"马上向"雄猫"进行了转达。根据美军《接战准则》的相关规定，空中作战时的警示分为三个级别：白色警示，表示此时敌机不大可能进行攻击（可以解除警报），但己方战机可以在自卫的情况下攻击，或按照指挥官的口头命令进行攻击；黄色警示，表示此时敌机极有可能进行攻击，己方战机攻击已经确认为敌机的目标；红色警示，表示此时敌机的攻击即将来临或正在进行中，己方战机可以攻击除友机之外的任何空中目标。

白色警示一般在和平年代使用，而红色警示则在发生大规模空战的时候使用，此时AIM-54"不死鸟"远程空对空导弹就可以派上用场了。按照舰队战术司令部的命令，如果MiG-23MS显示出敌意，那么此时F-14A可以对其进行攻击。

进入黄色警示状态后不久，MiG-23MS开始进行第三次机动，并下降至2100米。F-14A再次右转，偏离利比亚飞机的航向。中午12时，AC202发现自己已经被MiG-23MS僚机的雷达锁定，座舱内的警报声响个不停，此时双方之间的距离只有27海里。AC207和AC202于是改为平飞，稳稳地向米

■ 挂载于MiG-23战机机翼下的AA-7"顶点"导弹和机腹下的AA-8"蚜虫"导弹。

第二章 F-14"雄猫"作战史

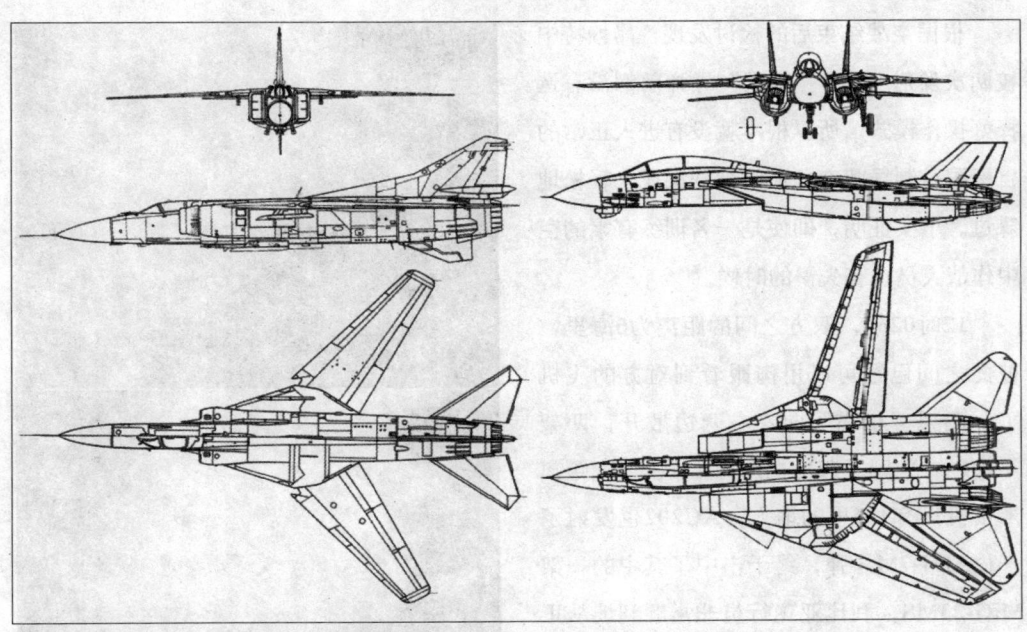

■MiG-23"鞭挞者"战机与F-14A"雄猫"战机三视图比对。

格机飞去。MiG-23MS又接连进行了两次机动，最后机头又成功地对准了F-14A，此时双方的距离缩短为20海里。

12时01分，当距离MiG-23MS只有16海里的时候，两架F-14A的后座领航员都打开了武器总开关，并指示前座驾驶员拉升机头对准目标，以便获得发射AIM-7"麻雀"导弹的最佳姿态。武器总开关位于F-14A后座舱的控制面板上，是一个很大的红色发射按钮，上面标有LAUNCH的字样。打开武器总开关后，两名机组成员就可以利用手中的武器实施攻击了。

由于后座领航员控制AWG-9雷达系统，所以他被赋予了操作重要武器的权力。领航员可以发射AIM-54"不死鸟"远程空对空导弹或AIM-7"麻雀"中程空对空

导弹，而前座驾驶员只能使用M61机炮和AIM-9导弹进行攻击。这样的任务分工，让领航员的工作负担很大，往往会出现差错。后来，F-14D和F-15战斗机对机组成员信息交流方面进行了改进，前座驾驶员可以完全操控整个空对空导弹攻击，而不是像F-14A那样需要两名机组成员来共同完成。

在与米格机相距只有13海里的时候，长机AC207的领航员昂赖特中校叫道："Fox 1！Fox 1！"随后按下了发射AIM-7导弹的按钮。很遗憾，这枚导弹偏离了目标。昂赖特中校在距离10海里的地方又发射了一枚"麻雀"，但这次仍然没有击中米格机。面对F-14A的导弹攻击，米格机并没有丝毫逃走的愿望，反而加快速度气势汹汹地向美机扑去。

113

凌云壮志　　F-14"雄猫"战机传奇

根据空战结束后的检讨发现，昂赖特中校两次发射AIM-7"麻雀"导弹前都没有选择好操作模式，所以根本就没有进入正常的目标跟踪制导状态，最终被利比亚人轻松地躲过。事实证明，即使是一名训练有素的空中作战人员也有失误的时候。

12时02分，双方之间的距离为6海里，彼此之间已经可以用肉眼看到对方的飞机了。两架"雄猫"向左右两边散开，两架"鞭鞑者"则一起冲向F-14A僚机。在距离米格机只有4海里的地方，AC202也发射了一枚AIM-7M导弹，终于击中了其中的一架MiG-23MS，利比亚飞行员非常顺利地从正在坠落中的飞机中弹射出来。

在僚机攻击得手后，长机AC207做了一个4.5G转向，飞到了另一架MiG-23MS的后方并将其锁定。当飞行员康诺里中校准备发射AIM-9L"响尾蛇"导弹时，却听不到熟悉的导弹锁定目标后发出的啸叫声。康诺里最初以为是导弹故障，于是选择了另外一枚"响尾蛇"，但同样还是没有任何反应。于是他决定选用AIM-7M导弹，但两机距离太近同样无法使用。

这个时候，后座的领航员昂赖特中校也焦急起来，气急败坏地喊道："用Fox 2！用Fox 2！"正当犹疑之际，康诺里中校再次选择了"响尾蛇"，接着试着调校起AIM-9L的音效开关来，马上就听到了那熟悉的啸叫声！原来是自己不小心把AIM-9L的音效给关掉了。康诺里立刻在距离利机只有1.5海

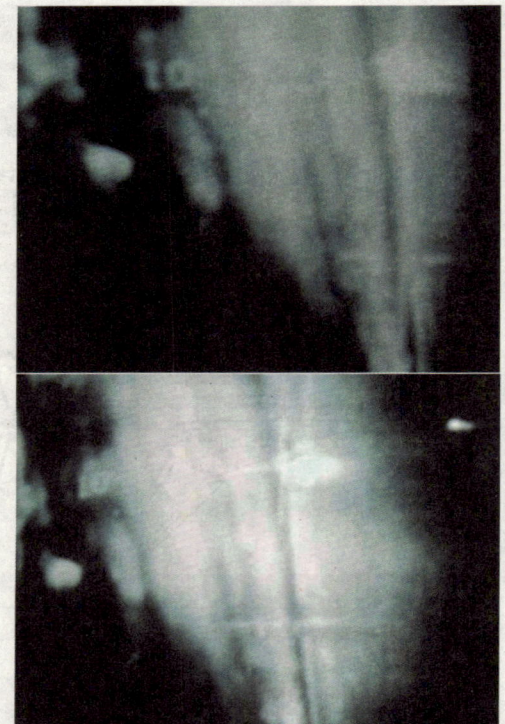

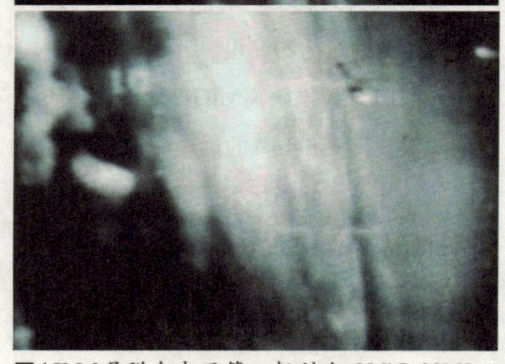

■AIM-9导弹命中了第二架利比亚MiG-23MS，后者随即中弹起火。

里的地方发射了一枚AIM-9L导弹，击中了那架MiG-23MS的发动机尾部。

这架利比亚飞机开始拖着黑烟向下坠落，飞行员同样成功弹射。天空中立即恢复了平静，只剩下了两具正在缓缓降落的利比

亚飞行员降落伞和两架即将返航的F-14A，这时候时钟指向了12时04分。整个空战过程，由E-2C"鹰眼"预警机的引导算起到击落两架MiG-23MS为止，总共耗时8分钟。

● 空战之后

空战的消息随即传回了美国本土，各大新闻媒体报道时都使用了这样一个标题："美国海军 VS 利比亚空军＝4：0"（加上前次战果）。而利比亚政府则强烈谴责了美国的"侵略"行为，并宣称F-14A攻击了利比亚两架没有携带武器、正在执行侦察任务的MiG-23MS战斗机。但美国政府随即反驳道，F-14A上的战术录像侦察系统（TCS，Tactical Camera System）拍下了两架MiG-23MS携带AA-7"顶点"导弹的照片，并且利比亚的这两架飞机已经飞出利比亚海岸线几十海里。美国五角大楼还公布了当时长机AC207在空战时的通话录音，该段录音全长

七分钟左右，详细记录了当时AC207与米格机的战斗全过程。

纯粹从技术层面上看，美国海军取得了一场压倒性的胜利，堪称一次完美的空战。在1981年的雪特拉湾空战中，利比亚空军的Su-22M战斗机还有机会向F-14A发射了一枚AA-2"环礁"导弹，并与F-14A进入了近距离缠斗。而到了1989年，在性能上比Su-22M先进的MiG-23MS却一点还手的机会都没有，唯一值得骄傲的可能就是成功躲过了最初的两枚AIM-7导弹，虽然这是拜美国海军飞行员疏忽大意所致。

抛开技术方面的因素，从政治层面上考虑，"8分钟空战"既为美国总统里根的8年任期画上了一个完美的句号，也为他送上了一份丰厚的退休大礼。从某种意义上说，美国与利比亚之间的冲突也是里根与卡扎菲个人恩怨在国际政治斗争上的延续。里根总统始终认为利比亚是美国现实的头号敌人，并在多处场合称卡扎菲是一条"的黎波里的疯狗"，不停地在咬人。当然卡扎菲总是回敬说，里根是"刽子手、屠夫"。据说，里根曾经穿过的一件T恤上印着一只名叫"卡达斐"（Khaddafy）的鸭子（神话传说中中东地区的一只疯鸭子），以此来影射并嘲弄自己的敌人卡扎菲。每次冲突的前后，总会伴随着这两个人言词之间发生的激战。

借由对利比亚的三次打击，美国不仅遏制住了利比亚妄图充当地区霸主的势头，而且更为重要的是从此美国开始摆脱长期以

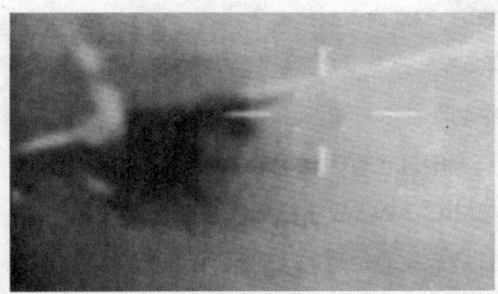

■ 由长机AC207上TCS拍下的MiG-23MS后部特写镜头，可以依稀看到挂有导弹，这是美国针对利比亚没有挂载攻击型武器的言论进行反击的证据。

| 凌云壮志 | F-14"雄猫"战机传奇 |

■VF-32空战纪念章,文字意思为"剑士中队VS利比亚=2∶0"。

■VF-32与VF-41共享空战战果的纪念章。

■VF-32空战纪念章,文字意思为"米格机的克星"。

■VF-32空战巡航纪念章。

来处处受苏联压制的局面,重新树立了自己世界霸主的地位,其意义相当重要。随着里根任期期满,两人之间的私人恩怨才算是画上了句号,但随后继任的老布什总统依然认为卡扎菲领导下的利比亚是众多麻烦的发源地。幸好不久之后爆发的海湾战争,让伊拉克的萨达姆成为了美国政府的"眼中钉、肉中刺"。

不过也有人认为,这次空战中利比亚两架MiG-23MS战斗机如同自杀般的攻击行为只是卡扎菲使用的"苦肉计"罢了,即把这两架飞机作为牺牲品来转移人们对利比亚建造化学武器工厂的注意力,同时也为博取全世界舆论的广泛同情。空战后的情形似乎也

第二章　F-14"雄猫"作战史

■VF-32空战纪念章，文字意思为"米格机克星使用的AIM-9导弹"，而幽灵伸出的两个手指头则与前面的FOX构成了发射AIM-9导弹时的代号"FOX 2"。

印证了这个说法的真实性，利比亚不仅在战略上获得了主动，而且那个化学武器工厂也保留了下来。大多数的阿拉伯国家在空战后纷纷发表声明，强烈谴责美国的这种"野蛮侵略"行径。

由此利比亚获得了阿拉伯世界的大力支持，这在空战之前是无法想象的，因为大多数阿拉伯国家对于卡扎菲是相当冷淡的。苏联的反应也很强烈，克里姆林宫甚至将美国的行动定义为"国家恐怖主义"，随后利比亚购买了苏联更多的武器装备。即使是西方国家，也对美国的这次空战的后果忧心忡忡。意大利政府对于美国这次"鲁莽"的攻击行为表示遗憾，并开始担心起兰佩杜萨岛军事基地的安全，因为利比亚当时的地对地导弹可以打到这个地中海岛屿上的基地。

英国撒切尔政府虽然批评了利比亚试图拥有化学武器的行径，但却不希望美国对利比亚进行军事打击。法国巴黎的一些左翼报纸这样说道："虽然卡扎菲失去了两架战斗机，但最终的胜利却不属于美国。"如果事实真的是这样的话，利比亚虽然失去了两架廉价的战斗机，但却博取了全世界人民的同情与支持，其政治意义远大于军事意义。

2004年6月5日，美国前总统里根在加利福尼亚的家中去世，享年93岁。在8年的总统任期里，里根不仅让美国重新获得了世界霸主的领导权，也为自己赢得了广大美国人民的拥戴。而此时最高兴的莫过于利比亚的卡扎菲了，因为纠缠自己多年的对手终于死了。此后，利比亚加大了重回国际社会的步伐，宣布放弃大规模杀伤性武器的研制，并与美国的关系开始快速升温。正所谓"三十年河东，三十年河西"，以前看上去水火不容的利美关系已经开始全面缓和。

不管怎么说，整个20世纪80年代卡扎菲领导下的利比亚是美国人眼中头号的现实敌人，因而也受到了美国军事力量的"特别关照"。可以毫不夸张地说，在多次的军事冲突中利比亚成了美国军事力量复苏的"试金石"，所以也可以这样说，利比亚是美国军事力量复苏的"最佳陪练"。

海湾战争

1991年，在萨达姆的军队入侵科威特半年时间之后，多国部队开始了对伊拉克的

凌云壮志　F-14"雄猫"战机传奇

■（上及下）参与1989年第二次雪特拉湾事件战斗的美国海军F-14战斗机长机AC207及僚机AC202。

大规模空中打击。随后还进行了地面进攻，并迫使伊拉克军队撤出了科威特。多国部队的空中打击十分成功，在空战开始后不久多国部队的战斗机就完全夺取了伊拉克的制空权。开战后大部分伊拉克战斗机都逃到了伊朗，所以被多国部队战斗机击落的伊拉克战斗机仅有几架，没有发生真正意义上的"屠杀米格"事件。由于多国部队的战斗机得到

第二章 F-14"雄猫"作战史

■飞越沙特阿拉伯沙漠上空的VF-32机群,当时该中队的防区在红海。(U.S. DoD)

■1991年部署于第3舰载机联队参加"沙漠风暴"行动的VF-32剑士"中队"机群。(U.S. DoD)

| 凌云壮志 | F-14"雄猫"战机传奇

■1991年在"沙漠风暴"行动中的VF-103所属F-14B。（U.S. DoD）

了空中预警和指挥系统（AWACS，Airborne Warning and Control System）飞机的强大支援，所以伊拉克空军尽量避免与美、英战机，尤其是在两伊战争中已经让其尝到苦头的F-14"雄猫"战斗机发生空战。往往是伊拉克战机飞行员一旦发现自己被F-14的雷达探测到了，就会马上调转机头溜之大吉。

战争期间总共有100架左右的F-14投入战斗，它们的主要任务包括：为美国海军和美国空军的行动提供支援，包括战斗和空中巡逻任务；为美国海军和美国空军的战机压制敌方空中防御系统；支援打击"飞毛腿"导弹目标；空中战术侦察任务；舰队防空和空中战斗巡逻。F-14执行的战斗任务很少与敌战机交火，即使交火也可以达到100%的成功率。多国部队空军明确要求F-14在大多数情况下要为高价值飞机（例如预警机等）执行护航任务，并在反舰行动中为攻击机护

■1991年海湾战争期间在机首左舷有美女彩绘的VF-41所属F-14A。（U.S. DoD）

第二章 F-14"雄猫"作战史

■在"游骑兵"号飞行甲板上整理拦截网的机械员,远处为VF-1所属F-14A。（U.S.DoD）

航。海湾战争中,F-14总共成功完成了3401次空中战斗巡逻任务和781次TARPS侦察任务。

"雄猫"的唯一一次空战战绩是在1991年2月6日取得的,那天击落了一架伊拉克Mi-8"肥臀"直升机。这个"倒霉蛋"碰到了从波斯湾上"游骑兵"号（CV-61）航空母舰起飞的VF-1"狼群"中队F-14双机编队,并由VF-1中队长罗恩·麦克尔拉夫特中校（雷达拦截官）和斯图尔特·布洛斯上尉（飞行员）使用AIM-9"响尾蛇"导弹将其击落。虽然只是一架直升机,也算是送给F-14的安慰奖吧。

海湾战争中的"雄猫"也创造了另外一个第一,即第一次在实战中被击落。1991年

1月21日一架VF-103的F-14B战斗机被伊拉克地面防空导弹击落,一名飞行员被救起,另一名飞行员则被关进了伊拉克的监狱,战争结束后才被释放出来。

海湾战争结束后,美英联军的战机继续在伊拉克上空巡逻,控制着其自行划定的北部和南部的两片禁飞区。伊拉克残余战斗机经常会对禁飞区进行试探性飞行,F-14和其他联军战斗机就不得不升空进行驱逐。1998年底,联合国的武器核查人员又一次被阻止进入伊拉克,此时美英两国失去了耐心,开始执行轰炸伊拉克的"沙漠之狐"行动。几天时间内,美英两国的战斗机就摧毁了大量伊拉克重要目标。

1999年开始的第一天,2架美国空军的

121

凌云壮志　F-14"雄猫"战机传奇

■VF-32之F-14A两机编队在波斯湾巡弋。（U.S. Navy）

■落日余晖中侦巡的VF-32所属F-14A在1991年时部署于"肯尼迪"号航母上。（U.S. DoD）

F-15和4架美国海军VF-213的F-14D战斗机在伊拉克南部的禁飞区，与13架伊拉克米格和"幻影"F-1EQ战斗机发生了遭遇，F-14D编队随即发射了8枚AIM-54C导弹对伊拉克战机实施超远距离警告性攻击。发现被"雄猫"实施攻击之后，伊拉克战机马上转

第二章 F-14"雄猫"作战史

参加海湾战争的F-14中队	
VF-1	1991年 1月12日—1991年 4月19日
VF-2	1991年 1月12日—1991年 4月19日
VF-14	1990年 9月14日—1991年 3月12日
VF-32	1990年 9月14日—1991年 3月12日
VF-33	1991年 1月15日—1991年 4月 3日
VF-102	1991年 1月15日—1991年 4月 3日
VF-41	1991年 1月14日—1991年 4月20日
VF-84	1991年 1月14日—1991年 4月20日
VF-74	1990年10月23日—1990年12月 9日 1991年 1月 6日—1991年 3月11日
VF-103	1990年10月23日—1990年12月 9日 1991年 1月 6日—1991年 3月11日

头就逃,发射的AIM-54C均未击中目标。

科索沃危机

当北约决定干预南斯拉夫内战时,来自不同北约国家的战斗机开始执行侦察和战斗任务。美国海军第8舰载机联队当时正在亚得里亚海执行任务,为了支援在前南地区进行的军事行动,来自不同中队的F-14扮演着"战场多面手"的角色,其任务包括:压制敌空中力量、前线空中支援、空中侦察和精确激光制导炸弹攻击等。在这场冲突中,"雄猫"进行了第一次实弹激光制导炸弹的攻击任务。

而且除了无人侦察飞机之外,F-14是可以从航空母舰上起飞的美国唯一能进行照相侦察任务的飞机。1999年3月,北约决定对塞尔维亚军队进行打击。为了结束南斯拉夫的敌对活动,北约战机昼夜不停地轰炸了塞尔维亚数个星期。空袭结束以后,联军战斗机开始为驻守

■从一架F-14A的前座向外望的空中景观,这一架隶属VF-33的战机于1991年"沙漠风暴"行动中拍下这帧图片。(U.S. DoD)

凌云壮志　F-14"雄猫"战机传奇

■1999年，巡航中的"企业"号（CVN-65）航母，此时驻扎在上面的是参加过"沙漠之狐"行动的VF-32，图中的F-14B（AC102）座舱下还保留着执行轰炸任务后的炸弹统计数，根据投弹标志可看出已经投掷了6枚GBU-16、1枚GBU-24、4枚GBU-10以及另外2枚2000磅的激光制导炸弹。

■1999年4月7日，VF-41的F-14A正升火待发，准备执行夜间轰炸任务。此时第8舰载机联队驻扎在"罗斯福"号（CVN-71）航母上，下属VF-14和VF-41两个中队，在地中海支援北约对前南地区的军事行动。

科索沃的国际科索沃维持和平部队提供空中支援。

从1999年3月6日至6月9日,第8舰载机联队的F-14、EA-6B和F/A-18总共出动了4270架次,完成了3055战斗架次,总共摧毁或击伤了477个战术目标和88个固定目标,这期间没有损失一架飞机。其中,VF-14"高帽人"中队的F-14投下了350枚激光制导炸弹(总共350000磅),而且还为其他攻击战斗机提供了护航支援。

阿富汗战争

2001年9月11日,恐怖分子劫持了4架美国客机作为飞行炸弹,撞向了纽约世界贸易中心,杀死了数以千计的无辜平民,遭受撞击的两幢摩天大楼在之后不久先后坍塌。这一恐怖主义行径令整个世界都为之震惊,恐怖分子随后被证实来自沙特阿拉伯的本·拉登领导下的基地组织,当时拉登居住在阿富汗并处于塔利班政权的保护下。为了打击恐怖主义,在9·11发生后的几个星期,美英军队开始了一系列大规模针对恐怖分子,恐怖主义网络和他们的组织、武器的打击。

美国空军出动远程轰炸机深入阿富汗的同时,美航空母舰也日夜不停地出动远程大载弹量的F-14和中程F/A-18战斗机。目标是恐怖分子基地、武器和车辆、训练营和塔利班军事组织。另外,还为阿富汗的"北方联盟"提供了空中支援,这个反塔利班联盟从

■阿富汗战争中的F-14,配备有"蓝盾"吊舱。

凌云壮志　F-14"雄猫"战机传奇

阿富汗北部一直推进到了南部。

F-14在阿富汗战争中充分发挥了自己的优势，相比较于F/A-18E/F战斗攻击机来说，具有更优异的远程攻击能力。为了避开诸如"蚕"式反舰导弹的威胁，航母战斗群不会冒险越过（阿曼）马斯奎德和（印度）艾哈迈达巴德一线以北，差不多部署在卡拉奇以西一些，这样飞一趟喀布尔单程就需要大约1327公里。假设有S-3加油机的支援，F-14在（巴基斯坦）奎达和苏库尔之间某处加一次油，那么就算打击阿富汗最北的目标也没有问题。不过要是换成F/A-18E/F，在同一地点加油，它也飞不到喀布尔。

F-14携带常规攻击装备：4枚2000磅级的激光制导炸弹和两枚AIM-9"响尾蛇"导弹，外加675发20毫米炮弹和2个280加仑副油箱，不加油的活动半径至少有805公里。相比而言，F/A-18E/F只能携带仅及前者一半的炸弹，在563公里的半径内活动。所以要完成一次"大黄蜂攻击"，KS-3A加油机在第一次喂饱F/A-18E/F之后，必须迅速地赶回航母给自己加满油，然后再回去跟完成任务的机队会合，给"大黄蜂"再来点

儿JP-4（喷射燃油），否则它们肯定飞不回"巢穴"。

当然，F-14不是第一波打击阿富汗目标的战机，而是可携带16枚2000磅重GPS激光制导炸弹的B-2隐形轰炸机，从美国本土密苏里州怀特曼空军基地起飞，完成任务往返飞行需要33小时，随后跟上的是上一辈的战略轰炸机——B-52和B-1。显然，美国空军没有在阿富汗使用战术轰炸机，从土耳其、中东或中亚地区起飞的F-15、F-16必须通过多次空中加油才能到达战区，此时作战效率已经大打折扣了。在这种情况下，显然部署于航空母舰上的F-14是最适合执行该类任务的。一艘"尼米兹"级航母（理论上）可以部署多达24架F-14，按照附表计算，将超过一个中队B-2（最多6架）的武器投放量。

最后的巡航

2003年，伊拉克战争爆发，美国绕开联合国开始了推翻萨达姆政权的"自由伊拉克"行动。总共有5个"雄猫"中队的56架F-14参加了伊拉克战争，它们分别是VF-2、

执行一次"两晚任务"的打击效率对比表		
战机类型	B-2	F-14
一架次携带2000磅激光制导炸弹的数量	16枚	4枚
执行一次攻击任务需要的时间	33小时*	3小时
每"两晚任务"的出动次数	1	5**
一次"两晚任务"可携带的炸弹总数	16枚	20枚
从起飞到第一枚炸弹落地时间	至少16.5小时	少于2小时

注：*由于缺乏海外基地，B-2要从密苏里州的怀特曼空军基地起飞。
　　**F-14的数据按照"沙漠之狐"行动计算。

第二章　F-14"雄猫"作战史

■难得一见的镜头，F-14D和F/A-18与MiG-21编队。（U.S. Navy）

VF-31、VF-32、VF-154和VF-213，其中VF-154装备F-14A，VF-32装备F-14B，其余中队则是F-14D。第5舰载机联队的VF-154从日本带来了15架F-14A，其中10架在"小鹰"号（CV-63）航母上执行任务，另外5架则被派往位于卡塔尔的陆上基地，成为

"自由伊拉克"行动中的F-14				
VF-2(F-14D) "星座"号航母 CV-64 第2舰载机联队	VF-31(F-14D) "林肯"号航母 CVN-72 第14舰载机联队	VF-32(F-14B) "杜鲁门"号航母 CVN-75 第3舰载机联队	VF-154(F-14A) "小鹰"号航母 CV-63 第5舰载机联队	VF-213(F-14D) "罗斯福"号航母 CVN-71 第8舰载机联队
163894/100	164601/100	162916/100	161866/100	164602/100
159630/101	154600/101	151860/101	161276/101	154341/101
164346/102	163904/102	162915/103	161280/102	163896/102
164350/103	164344/103	163410/104	161293/103	163899/103
163900/104	163898/104	163216/105	*158620/104	159628/104
163418/105	159610/105	163224/107	161271/105	161163/105
164342/106	164343/106	162703/110	161291/106	163893/106
159595/107	163413/107	161428/111	*161296/107	161166/107
164345/110	159618/110	161608/112	*161288/110	163903/110
159613/111	163895/111	161424/114	*161292/111	159629/111
			*158624/112	
			162697/113	

注：*为陆上基地。

127

凌云壮志　　F-14"雄猫"战机传奇

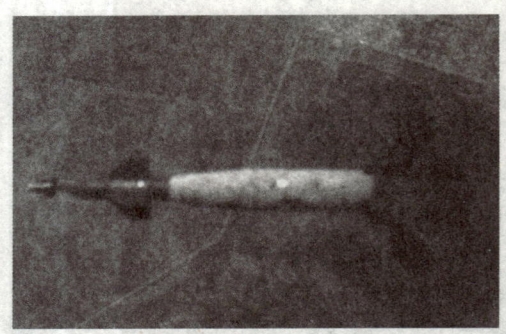

■ 从"蓝盾"吊舱拍摄的VF-32的F-14战机投放GBU-16激光制导导弹的镜头，摄于伊拉克战争开战不久，当时正处于6000米左右的高空。

"陆基雄猫"使用。

战争中，F-14主要执行对地攻击、空中巡航、战术侦察等任务。相比于12年前的"沙漠风暴"行动，F-14扮演的作战角色多了，发挥的作用也增大了。在执行对地攻击任务时，F-14主要使用LGB激光制导炸弹和JDAM（Joint Direct Attack Munitions）。2003年2月28日，VF-2刚刚完成了D04电脑软件系统升级的F-14D在伊拉克南部投下了第一枚GBU-31炸弹，这是F-14D在战争中首次使用JDAM。这之后，VF-31、VF-213也相继完成了D04系统升级，都具备了投放JDAM的能力。

从2003年3月21日开始，VF-2参加了攻击伊拉克首都巴格达的行动，投掷的JDAM炸弹均精确地命中了目标。在随后的28天里，VF-2的10架F-14D成功完成了195次战斗任务（887.5小时），投下了221枚LGB

■ 伊拉克战争期间，地勤人员正在往F-14机身上挂载炸弹。

第二章 F-14"雄猫"作战史

激光制导炸弹（217枚GBU-12和4枚GBU-16）、61枚GBU-31 JDAM，还发射了1704发20毫米机炮炮弹。在执行侦察任务时，VF-2使用TARPS系统拍摄了至少125个地面目标的照片，为随后的打击提供了第一手情报。

这期间，VF-31完成了585次战斗任务（1744小时），投下了165枚GBU-12和5枚GBU-16激光制导炸弹、56枚GBU-31 JDAM、13枚MK-82炸弹，还发射了1355发20毫米机炮炮弹。截至4月15日，VF-213完成了198次战斗任务（907.5小时），任务完成率达到了100%，共投下了196枚总重量为250000磅的精确制导炸弹，其中102枚是LGB，其余则是JDAM。VF-32完成了268次战斗任务（1135.2小时），投下了247枚LGB和118枚JDAM，总重量达到了402600磅。

由于不具备投射JDAM炸弹的能力，VF-154的F-14A主要使用激光制导炸弹，它是美国海军唯一一个同时从陆上和海上基地起飞执行作战任务的中队。2003年4月1日的晚上，一架VF-154的F-14A（BuNO.158620）在返航途中发动机发生故障失控，两名飞行员不得不弹射逃生，飞机坠毁在伊拉克南部地区。至4月14日空中作战基本结束，VF-154完成了286次作战任务，投下358枚LGB激光制导炸弹。

总体来说，F-14在伊拉克战争中扮演的就是"炸弹卡车"的角色，随时响应美军地

■ 2003年5月29日，太平洋。返航中的"星座"号（CV-64）航母，地勤士兵正在为一架VF-2的F-14A喷上代表炸弹投掷量的标记，他们刚结束在伊拉克的战斗任务。

面部队的要求投掷精确制导炸弹。为了降低飞行成本并延长飞行时间，F-14一般要经过多次空中加油，这样至少可保持4个小时的滞空时间。

伊拉克战争是F-14"雄猫"战斗机的最后一次巡航，虽然此时执行的任务已经与最初的主要设计目标相去甚远，但它还是依然非常优异地完成了任务，为自己的除役写下了浓墨重彩的一笔。

129

凌云壮志　F-14"雄猫"战机传奇

■VF-32的F-14A与VAQ-130电战中队的EA-6B依序接受空中加油。（U.S. DoD）

第三章 F-14"雄猫"中队史

为什么F-14"雄猫"战斗机能受到人们如此的热爱？除了1986年派拉蒙的电影《壮志凌云》极具效果的宣传因素之外，数十个F-14中队所展现出来的特色、团结、合作等精神也是让人喜爱的重要原因之一。

凌云壮志　F-14"雄猫"战机传奇

VF-1狼群中队(Wolfpack)

代号：Wichita
机型：F-14A

■VF-1"狼群"中队标志。

1972年10月14日，VF-1在南加州圣地亚哥的米拉玛海军航空站正式成立，并在1973年7月1日开始F-14A的换装工作。1974年9月17日至1975年5月20日这段时间，装备了"雄猫"的VF-1完成了首次海上作战任务，与VF-2一同隶属于"企业"号（CVN-65）航空母舰上的第14舰载机联队（CVW-14）。此时越战已经接近尾声，VF-1和VF-2的F-14曾在越南上空执行巡逻任务，但是没有任何战果。

1980年，VF-1被编到"游骑兵"号航母（CV-61）上的第2舰载机联队（CVW-2）。在1984年时曾经搭载在"小鹰"号（CV-63）航母上出海执行任务，并创造出了连续22000小时安全飞行的佳绩。1986年VF-1又回到"游骑兵"号航母，并在1991年时参加了海湾战争。在此期间，由中队长罗恩·麦克尔拉夫特中校和斯图尔特·布洛斯上尉驾驶的一架F-14A（代号NE103，生产编号BuNO.162603）用AIM-9"响尾蛇"导弹打下伊拉克空军一架Mi-8直升机，这也是F-14在海湾战争中取得的唯一战果。

"游骑兵"号航空母舰于1993年除役，VF-1回到米拉玛海军航空站进行休整。后来美国海军决定削减F-14中队数目，VF-1在1993年10月1日解散。

■VF-1的F-14A所搭载的"不死鸟"导弹已弹出准备射击。（U.S. DoD）

■1986年在内华达州法隆海军航空站的VF-1的F-14A。（U.S. DoD）

■VF-1的F-14A于1991年1月1日试射"不死鸟"导弹，该中队驻防于南加州米拉玛基地。（U.S. DoD）

凌云壮志　F-14"雄猫"战机传奇

VF-2赏金猎手中队(Bounty Hunters)

代号：Bullet
机型：F-14A、F-14D

■VF-2"赏金猎手"中队标志。

1972年10月14日，VF-2在米拉玛海军航空站重新成立，并在1973年7月完成机组训练课程，开始接收F-14A。由于当时F-14A的生产进度较慢，VF-2在1974年春天才完全接收12架F-14A，组成为一个完整的F-14中队。

1974年9月17日至1975年5月20日，VF-2与VF-1隶属于"企业"号航母的第14舰载机联队，前往越南执行战斗任务。1980年，VF-1和VF-2被编到"游骑兵"号航母上的第2舰载机联队。1984年，VF-2临时编入"小鹰"号航母出海执行任务。但在1986年，VF-2又重新返回"游骑兵"号。这段时间内，VF-2先后为第14舰载机联队和第2舰载机联队执行过侦察（TARPS）任务。

1984年6月2日，VF-2的一架F-14A拖着靶机成功地从航母飞行甲板上起飞，这是F-14历史上的第一次。1987年，VF-2的一架F-14A完成了"游骑兵"号航空母舰上的第260000次着舰。1991年，VF-2参加海湾战争，执行了500次战斗飞行任务，主要是为攻击机提供护航和侦察。在43天的时间里，VF-2的F-14A总飞行时数达到了1900小时。

从"游骑兵"号航母除役后，与VF-1一样VF-2被派回米拉玛海军航空站。1994年，美国海军决定将3个F-14中队升级为F-14D，VF-2成为其中之一。完成机组训练后，VF-2被派到"星座"号（CV-64）航空母舰上服役。在完成1995年的出海任务后，VF-2回到米拉玛，并于1996年4月移师至欧希安纳海军航空站。此时，VF-2的一部分F-14D开始改装成可挂载"蓝盾"吊舱（LANTIRN），全天候攻击能力得到了全面提升。改装训练完成后，VF-2再次被派到"星座"号航母上的第2舰载机联队服役。

1998年9月24日，

■VF-2的F-14在弗吉尼亚州切萨皮克湾上空。（U.S. DoD）

第三章　F-14"雄猫"中队史

■1997年8月，VF-2的F-14D在"星座"号航母上。（U.S. Navy）

■VF-1（前）和VF-2的F-14A编队飞行。（U.S. DoD）

VF-2参加了炸沉原美国海军第6舰队旗舰"贝尔内普"号（CG-26）导弹巡洋舰的行动。该舰于1995年除役，但一直没有妥善安置它的办法，于是不得不作为训练投弹任务的靶舰使用，由陆、海、空三军的火力将其炸沉。空中打击由VF-2领衔，每架F-14携带有20000磅重的Mk-80炸弹。虽然携带的不是精确制导炸弹，但"雄猫"投弹精度却是相当的高，由此证明了自己同样具有优秀的对地攻击能力。参加此次行动的还有三个F-14中队，它们分别是VF-41、VF-143和VF-211。

2003年10月6日，VF-2开始接收F/A-18F，由此拉开了该中队F-14除役的序幕。4个半月后，机型转换工作顺利完成，中队名称也被改为VFA-2。

135

凌云壮志　F-14"雄猫"战机传奇

VF-11红野猪中队(Red Rippers)

代号：Ripper
机型：F-14A、F-14B、F-14D

■VF-11"红野猪"中队标志。

1980年，VF-11开始用F-14A换装F-4"鬼怪"战斗机。随后开始在"肯尼迪"号（CV-67）航母上的第3舰载机联队（CVW-3）服役，并在1983年参加了对黎巴嫩的空袭行动。之后不久，VF-11转入"福莱斯特"号（CV-59）航母上的第6舰载机联队（CVW-6）。

1991年12月，"福莱斯特"号正式除役，用作训练航母使用。此时，VF-11开始进行换装F-14D的训练。换装训练结束后，VF-11加入"卡尔文森"号（CVN-70）航母上的第14舰载机联队服役。1994年，VF-11的飞行员开始装备夜视镜（Night Vision Goggles），如此大幅增强了F-14的夜战能力，尤其是攻击任务，以及搜索救援任务。

1996年，由于F-14D的数量严重不足，VF-11又回到欧希安纳海军航空站，并由F-14D降级至F-14B。1997年5月，VF-11完成降级换装任务，并在1998年被派到"史坦尼斯"号（CVN-74）航母上的第7舰载机联队（CVW-7），横渡大西洋，通过地中海前往波斯湾执行任务。

■VF-11的F-14B高速低空通过。（U.S. Navy）

第三章 F-14"雄猫"中队史

■1988年部署在"福莱斯特"号航母上的VF-11的F-14A。（U.S. DoD）

■由一架VA-176攻击中队的KA-6D加油机座舱拍摄到的VF-11的"雄猫"编队，时为1989年。（U.S. DoD）

凌云壮志　F-14 "雄猫" 战机传奇

■1998年3月部署在科威特Ahmed Al Jaber基地参加"南方守望"行动的VF-11的F-14B。（U.S. DoD）

■参加Teamwork 88演习的VF-11的F-14A在甲板上进行简易维修。（U.S. DoD）

第三章　F-14"雄猫"中队史

■1994年3月"卡尔文森"号航母第14舰载机联队的VF-11和VF-31的F-14B与其他各型战机编队。（U.S. DoD）

■VF-11的F-14B机翼展开正视角。（U.S. Navy）

凌云壮志　F-14"雄猫"战机传奇

VF-14高帽人中队(Tophatters)

代号：Camelot
机型：F-14A

■VF-14"高帽人"中队标志。

VF-14是美国海军中资格最老的中队，其历史最早可以追溯到1919年。VF-14曾经多次更名，先后有过VF-1、VS-41、VB-4、VA-1A、VA-14等名称，最终在1949年12月15日定名为VF-14。与此同时，VF-14也进入了喷气战斗机时代，先后装备过F3D"夜空"、F3H"恶魔"战斗机。1963年VF-14开始换装F-4B，它是当时第一个完成建制的"鬼怪"中队。VF-14曾参加过越战，执行了967次战斗任务，共投放了各种武器多达651624吨。

1974年，VF-14开始换装F-14A，并被派到"肯尼迪"号航母上的第1舰载机联队（CVW-1）服役。1975年6月至1976年1月间跟随航母编队在地中海执勤，这是美国海军大西洋舰队首次配备F-14执行海上任务。

■1999年，VF-14"高帽人"中队80周年纪念涂装。（U.S. Navy）

■1990年VF-32"剑士"中队和"高帽人"中队同驻于"肯尼迪"号上属第3舰载机联队。(U.S. DoD)

■1975年VF-14的F-14A(明视涂装)第一次执行出海任务。(U.S. Navy)

凌云壮志　F-14"雄猫"战机传奇

1982年6月，VF-14与VF-32一同被编到"独立"号（CV-62）航母上，并参加了美国对格林纳达的入侵，以及同年12月对黎巴嫩的空袭行动。1985年，VF-14又被派回"肯尼迪"号航母上的第3舰载机联队，同年6月参加了著名的"红旗演习"（Red Flag），训练空中拦截和护航等科目。

1991年海湾战争爆发前夕，VF-14所属的第3舰载机联队在5天内赶到战区进行部署，接下来的5个月都是在波斯湾执勤。在海湾战争后，VF-14与它的F-14进行了"F-14攻击机升级计划"，成为"炸弹猫"中的一员。1992年由于海湾局势再度紧张，"肯尼迪"号航母和VF-14再次被紧急派回波斯湾驻守。但几天后局势转趋缓和，也就照原定计划转至前南斯拉夫地区执行禁飞区任务。

1995年底，VF-14脱离第3舰载机联队，直接隶属欧希安纳海军航空站的第1战斗舰载机联队。1996年，VF-14被派到"肯尼迪"号航母的第8舰载机联队（CVW-8），与VF-41一起前往地中海。此时，VF-14装备的F-14A已经是美国海军中服役年限最长的了，但由于保养维护得力，其出勤率仍是海军中最高的。

2001年VF-14完成了空袭阿富汗的任务，更名成VFA-14，并换装F/A-18E，基地亦迁往勒穆尔海军航空站。VF-14是唯一换装F/A-18E的F-14中队，其他都是换装F/A-18F。

■1994年，VF-14"高帽人"中队75周年纪念涂装。（U.S. Navy）

VF-21自由枪骑兵中队(Free Lancers)

代号：Lance
机型：F-14A

■VF-21"自由枪骑兵"中队标志。

VF-21的前身为VF-81，后者于1944年成立，并在1959年更改为现名。1983年11月VF-21开始接受F-14A，以替换F-4N战斗机，换装工作于1984年3月全部完成，并很快被分配到"星座"号航母上的第14舰载机联队。

1990年VF-21被调到"独立"号航母上，它是伊拉克入侵科威特之后到达波斯湾地区的第一艘美国航母。但是，VF-21最终还是没有参与海湾战争，只是为美国在该地区集结军力提供掩护，同时防止萨达姆进攻沙特阿拉伯。1991年8月，"独立"号航母和VF-21的基地迁往日本横须贺，接替退役的"中途岛"号（CV-41）航母，成为美国海军唯一一艘以海外作为基地的航母。由于"中途岛"号航母体形较小，不适合大型舰载机的起降，所以原本驻扎在它上面的第5舰载机联队并没有配备F-14。这样，当由第14舰载机联队转入第5舰载机联队的VF-21和VF-154就成为仅有的两支部署在海外基地的F-14中队。

1995年年底，VF-21随"独立"号航母完成了最后一次出海任务，于1996年1月31日正式宣告解散。

■1988年在德州达拉斯海军航空站上全彩涂装的VF-21。（U.S. DoD）

凌云壮志 F-14"雄猫"战机传奇

■VF-21进行20毫米机炮炮弹装载作业。（U.S. DoD）

■1991年在日本横须贺空域试射AIM-54C的VF-21的F-14A。（U.S. DoD）

第三章　F-14"雄猫"中队史

■1986年在内华达州法隆基地的VF-21。（U.S. DoD）

■1990年在"独立"号航母上作业的VF-21机群。（U.S. DoD）

凌云壮志　F-14"雄猫"战机传奇

VF-24红棋盘尾中队(Red Checkertails) 叛教徒中队(Renegades)

代号：Rage
机型：F-14A、F-14B

■VF-24"红棋盘尾"中队标志。

1975年12月9日，VF-24开始换装F-14A，以代替F-8J"十字军"战斗机。1977年4月，全部配备F-14A的VF-24随同"星座"号航母开始执行其首次出海任务。在此期间，VF-24名为"红棋盘尾"（Red Checkertails）中队，后来因为与VF-211"将军"（Checkmates）中队同属一个舰载机联队，为了避免混淆美国海军高层要求VF-24更名，于是就成为了VF-24"叛教徒"（Renegades）中队。

从1978年至1988年，VF-24大部分时间都是在"星座"号航母上执行出海任务。但在1983年至1984年期间，由于"星座"号要进行搭载F/A-18兼容升级，VF-24就被派到"游骑兵"号航母上，1985年又被派到"小鹰"号航母上执勤。在"小鹰"号上，VF-24的一架F-14A（BuNO.159593）率先创造了F-14战斗机3000小时的飞行时数。

1988年，VF-24与第9舰载机联队被调到"尼米兹"号航空母舰，隶属于美国海军太平洋舰队。1989年4月14日，VF-24开始接收第一架F-14B。1991年，VF-24曾将舰载机联队长机和中队长机（200和201）喷上沙漠特别涂装（根据二战时德军沙漠迷彩设计），改名成为"巴格达神偷"（Thief of Bagdad）和"烟骆驼者"（Camel Smoker）。1992年，美国海军决定让大西洋舰队的航母都配备F-14B，而太平洋舰队则配备F-14A和F-14D，以方便进行后勤维护工作。因此VF-24不得不放弃了F-14B，改回使用F-14A。

■1992年6月15日，一架属于VF-24的F-14A正降落在"尼米兹"号航母上，注意其加油探头盖已经没了。（U.S. Navy）

第三章 F-14"雄猫"中队史

■1993年3月在"南方守望"行动中对伊拉克执行禁航任务的VF-24和VF-211所属的F-14A机队。(U.S. DoD)

虽然VF-24也合乎"炸弹猫"中队的资格，可以挂载炸弹执行对地攻击任务，但中队内的F-14并没有装备"蓝盾"吊舱，所以挂载激光制导炸弹时就需要其他战机进行引导和照射。1995年11月至1996年5月，VF-24在"尼米兹"号航母上完成了最后一次出海任务，于1996年8月31日正式解散。

■1992年在"尼米兹"号航母上的VF-24的F-14A和VFA-146的F/A-18C。(U.S. Navy)

147

凌云壮志 F-14"雄猫"战机传奇

VF-31雄猫人中队(Tomcatters)

代号：Felix、Tomcat、Bandwagon
机型：F-14A、F-14D

■VF-31"雄猫人"中队标志。

作为最具人气的"雄猫"中队之一，VF-31有着悠久的历史。其前身是VF-1B，成立于1935年7月1日，当时装备F4B-4双翼战斗机。两年后更名为VF-6，并换装F3F-2水上攻击机，随后又装备过F4F"野猫"、F6F"地狱猫"战斗机。

1943年7月，VF-6与VF-3开始交换中队编号。这一过程中，两个中队都声称拥有对"Felix猫"标志的独家使用权，闹得不可开交，谁也无法说服对方。面对不断升级的口水战，美国海军高层开始介入，将VF-3更名为VF-3A，授予其使用"Felix猫"标志的权力，同时将VF-6解散。

1948年8月，VF-3A改名为VF-31"雄猫人"中队。以前也有其他中队用过VF-31的名字，但是跟现在的VF-31并没有任何关

■2006年3月10日在弗吉尼亚州欧希安纳海军航空站的VF-31的F-14D。（U.S. DoD）

第三章 F-14"雄猫"中队史

■2006年7月24日从"罗斯福"号核动力航母起飞的VF-31所属之F-14D已编为"炸弹菲力猫"中队。（U.S. DoD）

系。此时，VF-31开始换装F9F-2"黑豹"喷气式战斗机。从1952至1962年间，VF-31还曾先后装备过F2H"女妖"、F3H"魔鬼"战斗机等。1964年，VF-31正式改装F-4B"鬼怪"战斗机，两年后升级为F-4J。

在1972年的越战中，VF-31的中队长驾驶F-4J击落了越南空军的一架MiG-21战斗机，使得VF-31成为美国海军中唯一一个在二战、朝鲜战争和越战中都有击落记录的中队。

1981年1月22日，VF-31开始接收第一架F-14A，并在短时间内完成了换装训练，于同年6月4日正式成为完整的F-14中队。

1982年1月，VF-31配属于"肯尼迪"号航母上的第3舰载机联队开始了首次出海巡航任务。这之后不断前往地中海海域，对黎巴嫩和叙利亚执行侦察任务。这期间，VF-31的F-14A不断受到黎巴嫩、叙利亚地面防空炮火的攻击，但没有任何损失。12月3日，VF-31两架执行侦察任务的F-14A，受到了黎巴嫩"萨姆-7"地对空导弹的攻击。虽然F-14A没有被击中，但还是导致了美国海军对于黎巴嫩的报复性空袭行动。第二天，大批美国海军战机从"肯尼迪"号航母和"独立"号航母上起飞，对黎巴嫩境内的地对空导弹基地进行打击。虽然摧毁了大部分预

149

凌云壮志　F-14"雄猫"战机传奇

■1992年起换装通用电机F110发动机的VF-31之F-14D。（U.S. DoD）

第三章　F-14"雄猫"中队史

■VF-31全彩机于2002年8月从"林肯"号航母上起飞，时属第14舰载机联队。（U.S. Navy）

先设定的目标，但美军还是损失了一架A-6和一架A-7攻击机，担任空中掩护任务的VF-31没有任何损失。

1985年4月，VF-31被编入"福莱斯特"号航母上的第6舰载机联队，直至1992年该航母除役成为训练舰。这样VF-31就由大西洋舰队被调到太平洋舰队的"卡尔文森"号航母上的第14舰载机联队，其基地也从欧希安纳海军航空站迁至米拉玛海军航空站。这一期间，VF-31的F-14A升级到F-14D，同时配备"蓝盾"吊舱，其综合战斗力得到了大幅度的提升。1996年，VF-31参加"南方守望"行动，在伊拉克南部的禁飞区执行巡逻与地面打击任务。

1997年1月至2月，VF-31返回欧希安纳海军航空站，并派出一架F-14D参加了当年举行的97巴黎航空展，以推广F-14上装备的"蓝盾"吊舱。几个月后，VF-31又回到米拉玛海军航空站，与第14舰载机联队一起进行了多次实弹射击训练，这其中就包括从F-14上连续投下4枚2000磅炸弹。同年4月，VF-31参加了当时世界上最大规模的联合军事演习"流浪沙97"，与第7和第14舰载机联队的其他战机、德国的"狂风"战斗机和

凌云壮志　F-14"雄猫"战机传奇

■低空高速飞行瞬间形成蒸气的VF-31之F-14D。(U.S. DoD)

Mi-24直升机以及各种美国空军战机，组成演习假想敌模拟进攻。年底，VF-31又被调至法隆海军航空站，为出航作准备。这段时间，VF-31被评为美国海军舰载机联队中最具效率的中队。1998年6月，VF-31被派到"林肯"号（CVN-72）航母上。随着米拉玛海军航空站转型为海军陆战队航空站，VF-31以及所有F-14中队都以欧希安纳海军航空站作为陆上基地。2000年VF-31参加了环太平洋演习（RIMPAC 2000），并再度被派往伊拉克执行禁飞区任务。

2002年7月VF-31随同第14舰载机联队搭载于"林肯"号航空母舰前往伊拉克，参加了"伊拉克自由"行动。预计是在2003年的年初返回美国，但由于伊拉克形势日趋紧张，"林肯"号航母编队任务时间延长。2003年3月由"林肯"号上起飞的F-14D战机，成为第一批攻击伊拉克的美军战机之一。而在3月下旬的大沙尘暴期间，在所有陆上基地全部关闭的情况下，美国海军舰载

第三章　F-14"雄猫"中队史

■2006年驻防"罗斯福"号核动力航母的VF-31的F-14D低空高速通过的画面，请注意其翼间气流。（U.S. DoD）

战机在能见度不到100米的恶劣天气条件下轮番出击，重创了准备利用沙尘暴掩护攻击联军的伊拉克共和国卫队，这段时间是美国海军航空部队有史以来最风光的时刻。

2003年5月VF-31返回美国西海岸，这次任务一共持续了286天，创下了美国海军30年来连续战斗执勤的纪录。2004年，VF-31搭载在"史坦尼斯"号航母上最后一次前往太平洋水域执行任务。同年11月份返回美国后，VF-31就被调离第14舰载机联队，转入第8舰载机联队。2005年9月，VF-31随"罗斯福"号（CVN-71）航母出航，执行最后一次海外任务。此次任务为美国海军标准的海外派遣任务。出航后穿越大西洋，经过地中海、苏伊士运河、红海、波斯湾与霍尔木兹海峡，执行约5个月的"海上防卫"任务。2006年2月下旬启程返航诺福克军港，之后VF-31和VF-213这两个最后的F-14中队回到欧希安纳海军航空站正式除役。

凌云壮志 F-14"雄猫"战机传奇

■由降落管制官LCO引导进场中的VF-31之F-14D。（U.S. Navy）

■2006年9月在欧希安纳海军航空站的VF-31之F-14D。（U.S. Navy）

VF-32剑士中队(Swordsmen)

代号：Gypsy
机型：F-14A、F-14B

■VF-32"剑士"中队标志。

VF-32"剑士"中队的前身是1945年2月1日成立的VBF-3，隶属于第3舰载机联队，使用F6F-5"地狱猫"战斗机，在"约克城"号（CV-10）航母上服役，并参加了太平洋战争。2月16日，该中队的飞机成为第一个攻击日本本土的海军舰载机。尽管日本很快投降，不过VBF-3还是取得了击落24架敌机的记录，荣获了总统奖章。1946年他们开始装备F8F-1战斗机，并改编为VF-4A战斗机中队，到1948年8月更名为VF-32。

从朝鲜战争时期的F4U-4"海盗"、F9F-6"美洲狮"，到后来的F8U-1"十字军战士"和F-4B"鬼怪"战斗机，直到1974年7月，VF-32才开始列装F-14A，它是美国东海岸当时第一个得到"雄猫"的中队。次年6月，VF-32服役中表现优异，获得了约瑟夫·克利夫顿奖（RADM Joseph C. Clifton Award），该奖只颁给美国海军航空兵当中

■VF-32的F-14B从"杜鲁门"号航母上弹射的瞬间。（U.S. Navy）

凌云壮志　　F-14"雄猫"战机传奇

■ "杜鲁门"号航母VF-32的F-14A。（U.S. DoD）

最优秀的中队，这也创造了海军历史上换装新飞机后最快取得该奖项的速度纪录。

俗话说"老虎也有打盹的时候"，VF-32的F-14就出现过这样一桩事情。1976年9月14日，美国海军"肯尼迪"号航空母舰正在苏格兰北海附近的国际水域进行演习，一架VF-32代号为"AB221"的F-14A战斗机（编号BuNO.159588）正从飞行甲板的后方向前慢慢滑行，准备进入弹射位置。到达指定位置后，飞行员却发现机轮怎么也刹不住了，于是机里机外的人都忙成了一团，可这架"雄猫"还是不紧不慢地踱着猫步向前滑行。在滑行了近百米后，这架"雄猫"滑出了航母甲板坠入大海，飞行员与雷达员在下坠前弹出机舱并安全获救。

由于当时在航母附近有苏联的"卡拉"级巡洋舰监视演习过程，所以美国人不敢怠慢，立即花大价钱请来打捞船舶进行打捞作业。飞机捞上来后结果发现携带的一枚AIM-54"不死鸟"导弹不翼而飞，这下又把美国人吓得够呛，还以为当时最先进的远程空对空导弹被俄国人偷偷捞走了。于是迅速再从美国本土调来专用深水机器人，在飞机坠海水域仔仔细细地搜索，最后终于把这枚"调皮"的导弹给找了回来。此次打捞行动共耗费240万美元（1976年币值），前前后后折腾了58天。

1979年10月19日，VF-32又创造了另一项纪录，它们整整10年没有发生任何飞行事故，飞行F-14以来也连续17000小时安全无

■正在挂载GBU-12激光炸弹的VF-32之F-14B。（U.S. Navy）

凌云壮志　　F-14"雄猫"战机传奇

■ "沙漠风暴"行动期间,起飞自"肯尼迪"号航母上的VF-32的F-14A正在作夜间战斗巡航。

事故。这些成绩和接下来的频繁调动,显示了VF-32极强的适应性和作战能力。从1979年到1985年,它们先后被分派到两个舰载机联队服役,配属过两艘航空母舰,还曾跟VF-14进行过协同演练,并参加了美国对格林纳达和黎巴嫩的军事行动。1985年"肯尼迪"号航母上的一架VF-32的F-14A,在尾钩发生故障的情况下,镇定地在夜间以拦阻网迫降方式成功降落于航母。

1989年1月4日,VF-32迎来了其历史上辉煌的一天,AC202和AC207号机在7分钟内各发射1枚AIM-9"响尾蛇"导弹,将利比亚的两架MiG-23战机干净利索地击落。1991年,VF-32又加入第17舰载机联队参加了海湾战争,利用TARPS侦察系统,执行轰炸前后的勘测和战果评估的任务。直到停火前的5天,还有VF-32的F-14A飞过巴格达上空,它是美国海军战斗机部队中坚持作战最久的中队。

海湾战争之后,VF-32又回到地中海执行任务,并被调换到"罗斯福"号航母上。1996年底,VF-32第一个安装了数位摄像设备,它整合到TARPS吊舱中,取代了旧式的KS-87相机。新相机可以拍摄200张数位照片存储下来,或者直接发到300公里范围内的接收设备中,它赋予了F-14"实时侦测能力"。不久之后,VF-32又成为了第二个装备"蓝盾"吊舱的F-14中队。2001年,VF-32被调到"杜鲁门"号(CVN-75)航母上,并参加了"南方守望"行动。在这次行动中,VF-32的后勤保养工作是美国海军中做得最好的,任务完成率更是高达100%。2005年底,VF-32的F-14B由F/A-18F所取代,中队名称也换为VFA-32。

第三章 F-14"雄猫"中队史

■接近KC-135准备进空中加油的VF-32。（U.S. DoD）

凌云壮志 | F-14"雄猫"战机传奇

VF-33星战士中队(Starfighters)
塔斯人中队(Tarsiers)

代号：Tarbox
机型：F-14A

■VF-33"星战士"中队标志。

VF-33于1943年成立，装备F6F"地狱猫"战斗机，曾参加太平洋战争。那时候，VF-33是以陆上作为基地。1946年VF-33解散，到1948年10月11日重新成立，并换装F4U"海盗"战斗机，随后参加了朝鲜战争。1962年开始配备F8U-2NE"十字军"战斗机的VF-33，被派到世界上第一艘核动力航母"企业"号上服役，执行封锁古巴的任务。

1964年VF-33换装F-4B，并在1967年升级为F-4J。不久就在"美利坚"号（CV-66）航母上参加了越战，在5个月内执行了4000小时战斗任务，并投放了3000000磅的各种武器。1968年7月10日，VF-33击落了越南空军的一架MiG-21。越战后，VF-33一直隶属"独立"号航母上的第7舰载机联队。这段时期VF-33赢得了多个奖项，其中在1975－1976年出航中因为着舰技术出众而得到"金尾钩"奖（Golden Tailhook Award）。

■1987年2月刚调派到"罗斯福"号航母上的VF-33已换装F-14A。（U.S. DoD）

第三章 F-14"雄猫"中队史

■1987年10月,仍在使用F-4J的VF-33就已派驻在"美利坚"号航母上。(U.S. DoD)

■1991年2月1日,一架VF-33的F-14A从"美利坚"号航母上起飞参加"沙漠风暴"行动。(U.S. DoD)

凌云壮志　　F-14"雄猫"战机传奇

■1990年4月1日在波多黎各海岸上空巡航的VF-33的F-14A编队。（U.S. DoD）

　　1981年，VF-33开始换装F-14A。这时候，VF-33开始非正式的以代号"星战士"当作中队名使用。1982年8月到10月，VF-33被派到"美利坚"号航母上执勤。1985年8月20日，VF-33在实弹射击训练中，取得了50射全中的佳绩。

　　1986年，VF-33隶属的"美利坚"号航母上的第1舰载机联队进驻地中海南部。当时利比亚的卡扎菲上校声称利比亚海岸12海里范围都是利比亚领海，任何越过"死亡之线"的船只都会被击沉。此时，VF-33和VF-102就为南移的航母战斗群提供空中保护。在随后对利比亚进行的空袭中，VF-33为攻击机群提供了空中保护。就在1986年这一年，VF-33连续895次顺利完成了任务，至今仍是F-14中队之最。

　　1987年，VF-33被派到当时最新的"罗斯福"号航母上。这时候，VF-33正式由"星战士"更名为"塔斯人"中队，新的队徽由当时的中队长托尼·布奇中校亲自设计。1988至1989年，VF-33在"美利坚"号航母上执行了两次出海任务，然后被调派到"星座"号航母上的第9舰载机联队。1990年海湾战争爆发，VF-33随同"美利坚"号航母参加了"沙漠风暴"行动，为联军提供空中掩护。1993年10月，VF-33成为裁减F-14中队行动下的第一个牺牲者，被正式解散。

VF-41黑王牌中队(Black Aces)

代号：Fast Eagle
机型：F-14A

■VF-41"黑王牌"中队标志。

1950年9月1日，VF-41在欧希安纳海军航空站成立，是海军历史上第四个以VF-41命名的中队。最初装备F4U，在50年代初换装F2H。1959年，VF-41换装F3H-2，它是第一架具有全天候作战能力的海军战斗机，配备雷达以制导空对空导弹。1962年2月，VF-41接收了F-4B。同年10月，古巴导弹危机爆发，VF-41立刻调到基韦斯特海军航空站，准备协助进攻古巴导弹基地。1965年，VF-41开始到东南亚执行任务，当时越战正在逐步升级。同年5月开始，VF-41连续执勤7个月，并执行多种战斗任务，包括空中掩护、侦察护航、高炮压制、全天候攻击，完全发挥了F-4优异的多用途性能。1974年底，VF-41的F-4B升级为F-4N。

1976年，VF-41接收了第一架F-14A，在1977年被派到大西洋舰队的第一艘核动力航母"尼米兹"号上的第8舰载机联队服役。随后的三年，VF-41都在地中海执行任务。在1980年伊朗人质危机中，"尼米兹"

■弗吉尼亚州欧希安纳海军航空站停机坪上的VF-41的F-14A。（U.S. DoD）

凌云壮志 F-14"雄猫"战机传奇

■Chris Wuethrich中校是VF-41在1991年"沙漠风暴"行动时的指挥官。(U.S. DoD)

1981年8月19日,对于VF-41来说是个很特别的日子。当时,VF-41的"快鹰102"和"快鹰107"两架F-14A正在雪特拉湾上空执行巡逻任务。利比亚派出两架Su-22升空拦截,但被两架F-14轻易占位并击落。这次事件颇具历史性,是F-14的首次空战并取得的首批战果,也是世界上第一次可变翼战机之间的空战。这之后,VF-41被定期派到地中海服役,1982年时在黎巴嫩附近海域成为多国维持和平部队的一员。1985年时,一架客机被劫持,VF-41又在黎巴嫩附近海面停留了68天为拦截作准备。

VF-41在1987年12月被派到"罗斯福"号,参加与挪威空军的"Teamwork 88"演习。1990年时,VF-41和第8舰载机联队曾被派到"林肯"号上作短暂服役。后来又在12月28日重新回到"罗斯福"号,并参加了海湾战争。VF-41为攻击机群提供护航以及执行巡逻任务,但是伊拉克的战斗机并不敢跟F-14正面对抗。号航母成为了美军营救部队的海上基地。因此,VF-41与其他中队在海上连续停留了144日,是二战以来时间最长的一次任务。1981-1982年在地中海执行任务时,一架EA-6B在"尼米兹"号航母的甲板上坠毁引发大火,VF-41损失了三名飞行员和三架F-14。

■VF-41飞行员在舰上的另类休闲活动——数钞票。(U.S. DoD)

■在"罗斯福"号航母上的VF-41作战室。(U.S. DoD)

凌云壮志 F-14"雄猫"战机传奇

■降落在"林肯"号航母上的VF-41"雄猫"。（U.S. DoD）

VF-41后来深入伊拉克境内，搜寻准备逃往伊朗的敌机。

1991年2月28日，VF-41完成了总计1500小时的战斗任务，成功率为100%。战争结束后，VF-41仍然留守波斯湾。同年4月，"罗斯福"号航母战斗群移到地中海土耳其沿岸，参加支援库德族难民的行动。1991年6月26日，VF-41安全返回欧希安纳海军航空站休整。

不久，VF-41恢复常态操练，特别是空对地训练，以备将来执行"炸弹猫"任务。1991年年底，VF-41合计安全飞行超过46500小时，11年内没有发生过事故。1995年，VF-84解散，VF-41开始继承TARPS侦察任务。VF-84本来是TAPRS部队，但是海军决定将之解散而保留没有TARPS装备的VF-41，这是唯一的一次，可能是因为当时海军中队的总指挥官刘易斯将军曾是VF-41一员的缘故吧。

1997年，VF-41被派到"肯尼迪"号航母上的第8舰载机联队，跟VF-14一同服役。1999年被调回到"罗斯福"号航母。同年，VF-41赢得了克拉伦斯·韦德麦克拉斯基奖（RADM Clarence Wade McClusky Award），成为海军中的最佳攻击中队，这个奖项原本是由VA/VFA中队的A-6、A-7或F/A-18争夺，VF-41证明了"炸弹猫"的对地攻击性能同样优异。

第三章 F-14"雄猫"中队史

■第1批登上"罗斯福"号航母参加"沙漠之盾"行动的VF-41飞行员。（U.S. DoD）

■从机上电视摄影机看到的VF-41僚机编队景象。（U.S. DoD）

凌云壮志　F-14"雄猫"战机传奇

■VF-41黄昏战斗巡航。（U.S. DoD）

■准备弹射的VF-41的中队长机。（U.S. DoD）

　　2001年，VF-41再转到"企业"号航母上，并参加对阿富汗的空袭行动。同年12月，VF-41完成了在"企业"号航母上的最后出海任务，随即开始换装F/A-18F，并更名为VFA-41，基地也迁往位于加州的勒穆尔海军航空站。

VF-51猎鹰中队(Screaming Eagles)

代号：Eagle
机型：F-14A

■VF-51"猎鹰"中队标志。

VF-51是美国海军太平洋舰队中连续服役最长的中队，其前身是VF-3S"攻击鹰"中队，于1927年成立。1943年2月1日被重新命名为VF-1，这之后又先后更名为VF-5、VF-5A，最后在1948年8月16日定名为VF-51，其中队标志一直用到它最终解散的那一时刻。

1947年，VF-51成为美国海军第一个喷气式战斗机中队，配备北美FJ-1"怒火"喷气战斗机。在其后的测试飞行中，VF-51也成为第一个在航母上驾驶喷气式战斗机的中队。朝鲜战争爆发后，VF-51率先参加了战斗，并取得了海军最初的一些战果。在1968年，VF-51的F-8战斗机打下了两架北越的MiG-21战斗机，由此步入了"MiG杀手"的行列。1970年，VF-51换装F-4N战斗机，

■1984年11月21日在公海上拦截苏联Tu-20轰炸机的VF-51的F-14A。（U.S. DoD）

凌云壮志　　F-14"雄猫"战机传奇

■1991年4月1日在加州米拉玛海军航空站参加联训的VF-51的F-14A。（U.S. DoD）

并在第二年打下了四架MiG-17。

1978年7月16日，VF-51开始换装F-14A，并与VF-111一起编入"小鹰"号航母上的第15舰载机联队（CVW-15）服役。1983年，第15舰载机联队被派到新服役的"卡尔文森"号航母上进行测试。同年10月，VF-51跟随航母编队开始环球航行。在VF-51的历史上，曾经创造了多个第一。

VF-51是第一个在白天和夜晚使用F-14自动降落系统着舰的中队，也是第一个使用TCS系统拦截苏联Tu-26"逆火"轰炸机、MiG-23战斗机等目标的中队。1985年，VF-51的数架F-14A在米拉玛海军航空站参加了日后令F-14叫好叫座的电影《壮志凌云》的拍摄。VF-51也成为了裁减F-14中队行动中的牺牲品，于1995年正式除役。

第三章　F-14"雄猫"中队史

■1986年5月15日在"卡尔文森"号航母上参加VF-51，搭乘F-14A的太平洋空军司令罗伯·巴兹利上将（左）。（U.S. DoD）

■1993年隶属第15舰载机联队的VF-51所属的F-14A。（U.S. DoD）

171

凌云壮志　F-14"雄猫"战机传奇

VF-74魔鬼中队(Be-Devilers)

代号：Devil
机型：F-14A、F-14B

■VF-74"魔鬼"中队标志。

1944年4月16日VBF-20成立，先后装备了F4U-1、F6F、F8F等型战斗机。1946年11月15日，VBF-20更名为VF-10A，并开始采用约翰·汉弗莱斯少尉设计的魔鬼头作为中队标志。1948年8月12日，中队再次更名为VF-92。1950年1月15日，VF-92正式定名为VF-74，自此一直沿用了四十四年。

1951年，VF-74再次配备F4U-4，并在随后的朝鲜战争中执行了以对地攻击为主的1500多次战斗任务。1954年7月换装F2H，同年年底升级为F9F-8。一年半之后，VF-74再次换装美国海军的第一架超音速战斗机F4D"天虹"，该机内置4门20毫米航炮，可挂载4000磅武器。1961年7月8日，VF-74接收了第一架F-4B，又开始了换装工作。

VF-74参加了越战，但却留下了惨痛的教训。就在VF-74刚刚随"福莱斯特"号航母编队到达越南附近海域的第三天，一架停

■垂直尾翅上VF-74的中队徽特写，1991年2月1日，当时驻扎在"萨拉托加"号航母上。（U.S. DoD）

第三章　F-14"雄猫"中队史

■1991年2月在"萨拉托加"号航母上准备参加"沙漠风暴"行动的VF-74之F-14B机群。（U.S. DoD）

放在飞行甲板上的F-4，由于静电关系，火箭弹突然射出，打中对面的一架A-4攻击机引发大火，并导致甲板上存放的武器弹药的连环爆炸，造成数百人死亡，飞行甲板也严重损毁。在此过程中，VF-74总共损失了42名成员和3架F-4B，其中一部分人是在消防过程中丧生的，整个中队的损失异常惨痛。

1972年初，VF-74换装F-4J。在1972年7月至1973年2月期间，VF-74被派到"美利坚"号航母上，再次前往越南服役。1975年，VF-74被派到当时最新的"尼米兹"号航母上前往地中海执行处女航行任务。至1981年，VF-74一共飞行F-4"鬼怪"战斗机达二十年之久，是第一个创造该纪录的中队。

1983年2月，VF-74开始了换装F-14A的工作，并于6月接收首架F-14A。同年10月中队换装完成，被派到第17舰载机联队（CVW-17）。1984年4月至10月间，VF-74在"萨拉托加"号（CV-60）航母上作首次F-14出海航行任务。1985年10月7日，在拦截搭载恐怖分子的埃及航空737客机的任务中，VF-74和VF-103这两个中队声名大噪（详细情况请参见本书的F-14作战史部分）。1986年，VF-74参加了对利比亚的两次军事行动，分别是3月的"燎原"行动，以及4月15日的"埃尔多拉多峡谷"行动。在接下来的几年，VF-74和第17舰载机联队

173

凌云壮志　F-14"雄猫"战机传奇

■ 机首右舷饰有庆祝1992年西班牙巴塞罗那奥运标志的VF-74的F-14B。（U.S. DoD）

被定期派往地中海海域执勤。

1988年8月11日，VF-74接收第一架F-14A+（B），中队编号为101号机，从而成为了第一个换装F-14A+（B）的中队。同年年底VF-74完成换装，而中队长戈斯·格里索姆中校和领航员鲍勃·麦基中尉也成为第一队在F-14A+上发射AIM-54的机组人员。1990年8月7日，VF-74参加了"沙漠风暴"行动，隶属于当时游弋于红海上的"肯尼迪"号航母的第3舰载机联队。

这期间，VF-74执行了多次空中巡逻任务，但没有遇到伊拉克空军的任何挑战。1991年3月27日，VF-74回到欧希安纳海军航空站。1992年5月6日VF-74再次出航，前往南斯拉夫执行任务。同年9月14日，VF-74的F-14执行了一个远程轰炸任务，飞行1700英里到埃及的Wadi El Natrun射击训练区投弹。这次航行任务后，VF-74成为了合格的"炸弹猫"中队。

1993年8月，由于没有配备TARPS侦察系统，VF-74被海军留在了陆地上，直属大西洋战斗机联队（Fighter Wing Atlantic）。虽然不能在海空中纵横驰骋，VF-74仍然保持着一贯的战斗素质，时常客串假想敌的角色跟空军和海军一些中队较量。这一时期，VF-74的F-14B喷上了Su-27风格的迷彩。F-14B成为了十分有效的假想敌，能够很好地模仿Su-27、MiG-31等战机。1994年4月30日，服役50年的VF-74正式解散。

第三章 F-14"雄猫"中队史

■1995年12月30日在内华达州奈利斯基地参加"红旗演习"模拟MiG-29的VF-74的F-14B。（U.S. DoD）

■漆成假想敌空优灰迷彩用以模拟MiG-29的VF-74所属的F-14B。（U.S. DoD）

凌云壮志　F-14"雄猫"战机传奇

VF-84海盗旗/骷髅中队(Jolly Rogers)

代号：Victory
机型：F-14A

■VF-84"海盗旗/骷髅"中队标志。

1955年7月1日，VF-84在欧希安纳海军航空站成立，当时的中队名称是"流浪者"（Vagabonds），配备FJ-3战斗机。VF-84后来的海盗/骷髅队名和标志来源于二战中的VF-17，当时它们装备的是F4U"海盗"战斗机，为了配合这种机型，就使用了骷髅头和两根骨头作为中队标志。VF-17在1944年4月解散，VF-61继承了"Jolly Rogers"的名称。1959年VF-61也遭解散，于是VF-84在1960年4月获得批准使用海盗的队名，于是就成为了后来著名的VF-84"海盗旗/骷髅"中队。不久之后，VF-84就在他们的F-8U战斗机上涂上了骷髅头的标志。骷髅头是由VF-17传下，而机身上的黄、黑色带子，则是"流浪者"的传统。

传统上，VF-84中队长的传世信物，是一副用玻璃盒装着的骷髅头和两根腿骨。每当更换中队长时，会进行"遗骨交接"仪式，由即将卸任的中队长把信物传给新的中队长，把"海盗精神"延续下去。追其起源，玻璃盒里的骨头原来是VF-17时代杰克·厄尼少尉的骸骨。杰克·厄尼少尉在第二次世界大战进攻冲绳的战斗中阵亡，在他坠机前通过无线电给战友留言说，希望大家永远不要忘记飘扬的海盗旗。杰克·厄尼少尉的家人后来把这个盛有遗骨的玻璃盒送给VF-17，希望能完成杰克·厄尼少尉的遗愿。"海盗旗"中队的成员为了永远纪念杰

■1980年代在内华达州法隆海军航空站参加联训的VF-84的F-14A。　（U.S. DoD）

第三章　F-14"雄猫"中队史

■1991年3月2日准备从"罗斯福"号航母上起飞赴伊拉克北部侦巡的VF-84的F-14A。（U.S. DoD）

■1991年4月1日，一架VF-84的F-14A在伊拉克北部上空与空军的KC-135E进行给油。（U.S. DoD）

177

凌云壮志　　F-14"雄猫"战机传奇

■1992年11月5日三架载有战术空中侦察吊舱（TARPS）的VF-84之F-14A机队。（U.S. DoD）

克·厄尼少尉，于是接收了这个承载着其勇敢作战精神的玻璃盒，并将它作为中队的信物，时时激励中队成员。

1964年，VF-84换装了F-4B，后来辗转飞过F-4J和F-4N。1976年初，VF-84正式换装F-14A，并在1977年12月搭载于"尼米兹"号航母上执行首次F-14出海航行任务。1979年，VF-84成为第一个装备TAPRS吊舱

第三章 F-14"雄猫"中队史

■垂直钻升中的VF-84所属的F-14A。（U.S. DoD）

的中队。装备了F-14A"雄猫"的VF-84"海盗旗"中队参与了科幻动作电影《碧血长天——航母迷航记》的拍摄。在片中小小地教训了一下日本"零"式战斗机，而骷髅标志也立刻风靡了全球的军事爱好者，甚至影响了后来的动画巨作《超时空要塞》的创作。海湾战争期间，VF-84搭载于"罗斯福"号航母上执行巡逻、护航以及侦察任务。

随着冷战的结束，美国海军开始削减F-14中队的数量，VF-84也成了被开刀的对象。在最后的18个月里，VF-84的队员继续各种训练，包括空战机动、对地攻击以及侦察训练。其后再次在电影《最高危机》中出现。1995年10月1日，VF-84解散。不久VF-103获准继承"Jolly Rogers"的名字和骷髅标记，以及中队长的信物。

凌云壮志 | F-14"雄猫"战机传奇

VF-101黑暗镰刀手中队(Grim Reaper)

代号：Gun Fighter
机型：F-14A、F-14B、F-14D

■VF-101"黑暗镰刀手"中队标志。

"黑暗镰刀手"，这是所有F-14中队里最具杀伤力的名字之一，也代表了美国海军最大规模的F-14中队。在鼎盛时期，VF-101共拥有130架各种型号的F-14，142名成员，其中包括59名飞行教官，10名行政官员以及73名学员。

VF-101于1952年5月1日在西索尔海军航空站成立，并从VF-10继承了"Grim Reaper"之名。对于VF-101来说真正意义上的转折点是1958年4月，VF-101跟大西洋全天候训练单位合并，负责训练飞行员驾驶F4D-1和F3H-2战斗机的全天候作战能力。这时候，VF-101隶属于第4后备攻击航空联队（RACAW4，Readiness Attack Carrier Air Wing 4）。

VF-101先后在欧希安纳海军航空站和基韦斯特海军航空站设立过分队。1960年6月，VF-101在欧希安纳成立了A分队，先是配备F4H-1，后来换装F-4B。1962年底，F4D-1和F3H-2除役，A分队解散，F-4训练转到基韦斯特进行。1966年5月1日，VF-101又在欧希安纳成立了一个分队，专门训练后备飞行员和领航员，主要训练科目是空中加油、航母上的操作以及武器使用等。而基韦斯特的主队，则专注于空对空战斗训练、导弹发射和拦截技术的训练。

1970年，第4后备攻击航空联队解散，

■VF-101的F-14D准备起飞。（U.S. Navy）

第三章 F-14"雄猫"中队史

■VF-101的F-14D打开后燃器垂直爬升。(U.S. Navy)

VF-101转到基韦斯特舰队司令部。1971年2月,再被调到诺福克舰队司令部,其中VF-101的一个支队仍留在基韦斯特,迁移工作在4月完成。同年7月,VF-101又被调到第1舰载机联队。1976年1月,VF-101开始接收F-14A,负责训练"雄猫"的空勤和地勤人员。6月,VF-101就开始了对VF-41和VF-84的F-14的机型转换。随着F-14数量的不断增加,VF-101分解成为两支中队。1977年,VF-101继续负责F-14机组成员的训练,新成立的VF-171则在东海岸进行F-4的训练,直到1984年因F-4除役而解散。

1975年和1976年,VF-101赢得了海军作战部颁发的航空安全奖。1976年11月,VF-101实现了连续36个月无安全事故,从而获得第4个Safety Citation表彰。1986年VF-101又一次持续3年在运作中无事故发生而获

得Safety Citation表彰,并且在1988年获得第3个海军作战部航空安全奖。同年,VF-101成为最早接收F-14A+(B)的中队。

1990年,VF-101为F-14战机的运用开启了一扇新的大门——投放Mk-80炸弹。经过努力,有关当局说服官方恢复F-14的生产,F-14的主要任务也由空对空缠斗转换成为战术攻击。

随着VF-124于1994年解散,VF-101成为唯一的F-14训练机构,同时在米拉玛海军航空站成立了分队,训练F-14A型和D型的地勤人员。VF-101驻扎米拉玛的飞机编号是100系列,驻扎欧希安纳的飞机编号为200系列。1996年,米拉玛航空站关闭,所有的F-14中队都迁到了欧希安纳航空站,但是基韦斯特海军航空站仍然部署一支分队,专门训练空战机动。VF-101的武器训练课程包含整个空对地武器系统,从常态炸弹、集束炸弹、航空水雷、激光制导炸弹、空投诱饵和JDAM到各种空对空武器。除此之外,VF-101还负责训练F-14飞行员对LANTIRN吊舱和夜视镜的使用。

同时,VF-101还是美国海军F-14机种的专用飞行表演中队,历届欧希安纳海军航空盛会上都不乏VF-101战机矫健的身影。早

凌云壮志 F-14"雄猫"战机传奇

■1995年4月VF-142"幽灵骑士"中队除役时,作为纪念改漆为VF-142涂装的VF-101所属的F-14D。(U.S. Navy)

■VF-101的AD160号"雄猫"低空冲场通过,完成最后的使命。(U.S. Navy)

年当其他中队除役时,VF-101总会有一架F-14以除役中队的涂装样式出现以示纪念。2005年9月15日,VF-101的AD160号机身着复古涂装完成最后一次飞行表演后,最后一支F-14训练中队正式宣布解散。

VF-102钻石背中队(Diamondback)

代号：Diamond
机型：F-14A、F-14B

■VF-102"钻石背"中队标志。

1955年7月1日，VF-102在佛罗里达州的杰克逊维尔海军航空站成立，其中队标志为生活在美国东部的菱背响尾蛇。在装备F-14A前，先后飞过F2H、F4D-1和F-4。1961年，VF-102在一次地中海航海后，开始接收F-4B，基地也迁往欧希安纳海军航空站。接下来的20年，VF-102一直与F-4相伴，这期间最著名的一次任务就是搭载在世界上第一艘核动力航母"企业"号上作第一次的核动力航母战斗群环游世界，以向世人展示核动力航母的强大战力与超远航程。1968年，VF-102还参加了越战。

1981年7月，VF-102开始换装F-14A，并在1982年5月完成全部工作。1994年，VF-102把全队的F-14A升级为F-14B，但是这些F-14B只是把TF30-P-414发动机升级为F110-GE-400，航电系统基本上跟F-14A大致相同，但并不是F-14B改型。一直以来，VF-102和VF-33都是隶属于"美利坚"号航母上的第1舰载机联队，直到最终解散。1986年，VF-102也参加了对利比亚的两次空中打击行动，虽然遭到了强烈的地面炮火

■驻扎在"华盛顿"号航母上的VF-102配备战术空中侦照吊舱的F-14A。（U.S. DoD）

凌云壮志 F-14"雄猫"战机传奇

■VF-102"钻石背"中队的F-14B正要从"罗斯福"号航母上起飞,时间大约在1987—1988年间。(U.S. Navy)

的攻击,但没有任何损失。

1990年12月,VF-102和VF-33都参加了"沙漠风暴"行动,在6个星期的时间里总共完成了超过1400小时的战斗飞行任务。1993年8月,VF-102作为海军舰载机联队作战新概念的试验对象,成为了第1舰载机联队中唯一的一个F-14中队。VF-102的F-14数量由8架增加为14架,而VF-33则被解散。在随后进行的地中海航行任务中,VF-102在波斯尼亚、伊拉克执行禁飞区任务,在索马里为救援行动提供空中支援等,其任务出勤率高达98.7%。由于VF-102获得了很大的成功,美国海军决定航母舰载机联队以后只配备一个F-14中队,首先增大该中队的F-14数目,然后再加上一个10架的F/A-18中队,这样可以增强舰载机联队的对地攻击能力。

1996年2月24日,VF-102在"美利坚"号航母上完成了最后的出海航行任务,回到欧希安纳海军航空站,"美利坚"号正式除役。VF-102和第1舰载机联队被调到"华盛顿"号(CVN-73)航母上执勤,而原本在"华盛顿"号上的第7舰载机联队则转到"史坦尼斯"号航母上。

从最初装备F-14开始,VF-102就已经是配备TARPS侦察系统的中队,通常配备4架TARPS兼容的F-14,加上几架普通的F-14和兼容"蓝盾"系统的F-14。1996年底到1997年初,VF-102成为首个换装改进后的F-14B的中队。在VF-102的14架F-14B中,有12架是经过改进的,另外两架是支持TARPS功能的F-14B。而在12架新F-14B中,有3架是支持TAPRS的。F-14B的诸多改进令F-14在更多性能方面超过了F/A-18，使得它由空优战斗机摇身一变成为远程攻击机。

在这一次升级之后，VF-102和VF-301候补中队被派到酷寒的阿拉斯加，为下一次出海任务作舰上操作评估与预备工作。1997年10月，VF-102横渡大西洋，然后参加了两年一次的"Bright Star"演习，参加国家包括美国、埃及、意大利、法国、英国以及阿联酋。11月21日，VF-102随"华盛顿"号航母战斗群被紧急派到波斯湾，以增强美军在该地区的军力。当时的伊拉克总统萨达姆不肯同联合国武器监察委员会合作，地区局势再度紧张起来。此时，"华盛顿"号和"尼米兹"号航母战斗群成为美军在波斯湾的主要打击力量，随时准备对伊拉克实施大规模的空中打击。由于VF-102配备"蓝盾"系统，出勤率非常高，经常与英国航母"无敌"号（HMS Invincible）上的"海猎鹰"式FRS.2战斗机一同执行任务。在"南方守望"行动中，VF-102出动557次，任务达标率高达99.7%。1998年2月波斯湾局势有所缓和，VF-102开始了漫长的回航旅程，于3月13日回到诺福克。

1999年，VF-102成为第一个配备TARPSCD的中队。TARPSCD是全电子的TARPS吊舱，能够更快地传送数据，很快就成为了侦察系统的新标准。2002年，"F-14模范中队"的VF-102正式除役。

■在"华盛顿"号航母上待命的VF-102机群和飞行员，这一架"雄猫"已搭载了"不死鸟"长程导弹。（U.S. Navy）

凌云壮志　　F-14"雄猫"战机传奇

VF-103海盗旗/重击手中队(Jolly Rogers/Sluggers)

代号：Victory
机型：F-14A、F-14B

■VF-103"海盗旗/重击手"中队标志。

VF-103"重击手"中队1952年成立之初装备的是F4U海盗，不久就改装了F9F"美洲狮"，后来他们又成了最早装备F8U战斗机的中队之一。换装完成后，VF-103与VF-102一起作为第10舰载机联队（CVW-10）的部队，登上"福莱斯特"号航母服役。

在拥有高空高速性能的F8之前，美国海军航空兵在联合演习中经常遭到英国轰炸机的嘲弄：皇家空军的"堪培拉"轰炸机经常轻易地突破美军防线对航母进行模拟攻击。对此，缺乏高性能战斗机的美军也无法组织起有效的反击，这种情况直到1958年的地中海巡航时被终结。英国人被VF-103的"十字军"战斗机吓坏了，该机可以轻易地在模拟攻舰开始之前就把轰炸机群打得七零八落。

到了越战的时候，VF-103用上了更先进的F-4J战斗机，1972年夏天，战争升级，

■2002年配属第17舰载机联队的VF-103麾下的F-14B。（U.S. DoD）

■1986年时配属"萨拉托加"号航母的VF-103所属机组员。(U.S. DoD)

■"肯尼迪"号航母VF-103所属的F-14A。(U.S. DoD)

凌云壮志　F-14"雄猫"战机传奇

VF-103随第17舰载机联队驻扎在"萨拉托加"号航母上。在8月10日的一次夜间截击战中,罗伯特·塔克少校和斯坦利·伊登斯中尉驾驶F-4战机,用AIM-7E"麻雀"导弹击落了一架MiG-21,取得了美国海军中队中唯一的夜间击落米格机的战绩。

与早先总是领先换装的情况相反,VF-103是最后几个换装F-14战机的中队之一,直到1983年1月才开始接收工作。不过在短短的一个月后,VF-103就进行了东海岸部队第一次AIM-54导弹的低空试射。1985年10月,VF-103参加了拦截埃及航空公司波音737的行动,并成功地把被劫持的客机迫降在意大利,帮助意政府成功抓获了劫机者。1989年,VF-103把F-14A升级为B型。一年后,他们同VF-74一起在红海上的"艾森豪威尔"号(CVN-69)航母演练战术,为之后的海湾战争作准备。

1991年1月,"沙漠风暴"行动开始以后,"重击手"中队开始执行各种任务,为攻击机护航、战术侦察、轰炸战果勘测,以及最本分的空中巡逻等。不过在战役的第四天,VF-103却遭受到了敌人的当头一击:1月21日,伊拉克一枚老式的SA-2防空导弹击落了它们的一架F-14B(AA212, BuNO.161430),两名机组成员都成功跳伞。飞行员德文·琼斯上尉跳伞后在敌人眼皮底下闪躲了8小时,被空军特种部队用MH-53J直升机救回。而导航员拉里·斯莱德上尉却不幸成为战俘,直到战争结束才从巴格达获释。这次损失是所有美国海军的F-14战机在战争中的唯一损失。

早期的VF-103飞机垂尾涂饰是一个水平的描黑边的黄色箭头。而"重击手"中队标志则是由苜蓿花叶组成的交叉图案。此后一条弧形的飞行尾迹加入了图案中,还有一根以前老中队长很喜欢的棒球棍。1991年起,到改为海盗旗之前,垂尾上画的都是一个简化而粗犷的巨大黑色箭头。

1995年10月1日,著名的VF-84"海盗

■1993年6月在内华达州法隆基地的VF-103所属F-14B还搭载了两枚Mk-80通用炸弹。(U.S. DoD)

■ "肯尼迪"号航母上准备登机起飞的VF-103飞行员。(U.S. Navy)

凌云壮志　　F-14"雄猫"战机传奇

■2002年10月参加北约"Destined Glory 2002"演习的VF-103所属的F-14B。（U.S. Navy）

■2004年8月在伊拉克上空巡弋的VF-103隶属第17舰载机联队。（U.S. Navy）

旗"中队也难逃宿命，成为削减军费的牺牲品。"重击手"中队也面临严酷的现实，不过他们作出了一个相当明智的举动——申请继承"海盗旗"的名称和队标。该提议获得了通过，于是不单避免了VF-103从航母上消失或被改制为VFA攻击中队的命运，更使得骷髅标志和"海盗精神"得以更长时间的延续。

1996年，"雄猫"本已锋利的爪子磨得更尖了——VF-103装备了"蓝盾"系统，使得飞行员无论在白天或黑夜，都可以把"雄猫"驾驭得更得心应手。该系统与强力的雷达相辅相成，可以为本机或者其他战机指示目标，并且集成了GPS全球定位系统。作为一个模块化装备，"蓝盾"吊舱可以在几分钟内从一架F-14拆下装到另一架上面去。6月28日，该系统正式公开2周以后，"海盗旗"中队的6架F-14从地中海上

第三章 F-14"雄猫"中队史

■2002年11月和克罗地亚联合演习的VF-103之F-14B和MiG-21 bis编队的画面。（U.S. Navy）

■VF-103机组员起飞前查看MAU-169B Paveway II 500磅激光制导炸弹。（U.S. DoD）

凌云壮志 F-14"雄猫"战机传奇

■2004年7月部署在"肯尼迪"号航母上参加"Summer Pulse 2004"演习的VF-103所属的F-14B。（U.S. DoD）

■准备在"沙漠风暴"行动中挂载AIM-54C出击的VF-103所属的F-14A。（U.S. DoD）

第三章 F-14 "雄猫" 中队史

■低明视灰涂装的VF-103所属F-14A,注意垂尾上早期的简化而粗犷的箭头标志。(U.S. DoD)

■2002年11月时属"华盛顿"号航母的VF-103之F-14B两机编队巡航。(U.S. Navy)

凌云壮志　F-14"雄猫"战机传奇

■VF-103"海盗旗"中队所属的F-14B。（U.S. Navy）

的"企业"号航母起飞，完成了该吊舱的首次服役飞行。此后，所有"幸存"下来的"雄猫"中队都具备了挂载"蓝盾"吊舱的能力。

VF-103使用的是经过改进的F-14B型号，在对地攻击方面有所加强，座舱和航电系统也经过升级，作战能力接近F-14D的水平。

2005年，VF-103开始换装F/A-18F，中队名称也变成了VFA-103，而F-14在次年正式退出了现役。

第三章　F-14"雄猫"中队史

VF-111落日者中队(Sundowners)

代号：Sundowner
机型：F-14A

■VF-111"落日者"中队标志。

"落日者"这个队名最初是驻扎在南加州圣地亚哥北岛海军航空站VF-11使用的，日期是1942年10月10日。到10月23日，该中队全部转移到了夏威夷基地，当时配装的是F4F-4战斗机。驻扎在毛伊岛进行备战的日子里，飞行员们实际上住在冯·腾姆斯基夫妇的家里——当地的富农场主。在那里，一些人开始研究术语、战斗精神等理论，并且决定为VF-11设计一个徽标。其中一个方案里，F4F-4战斗机在射击上升的旭日，并把它打落到海里去，这既是该中队战斗任务的象征，也寓意着对日作战取得胜利。在腾姆斯基夫妇的亲戚伊莱克萨的帮助下，徽标被绘成彩色，并最终印在了每一架F4F-4上。

当时美国海军并不允许徽标里带有数字，于是在标志的下部写上了"落日者"的字样，就是以后被广为传诵的名字。"落日者"除了表示把日本这个"太阳"击落以外，还有一个古老的航海典故，是说一个严

■1987年驻防于"卡尔文森"号航母上的VF-111所属的F-14A机群。（U.S. DoD）

195

凌云壮志　F-14"雄猫"战机传奇

■1985年饰以中视度迷彩涂装的VF-111所属之F-14A。（U.S. DoD）

■1981年起即饰以中视度空优灰迷彩的VF-111所属之F-14A。（U.S. DoD）

第三章 F-14"雄猫"中队史

■1985年在"卡尔文森"号核动力航母上空担任警戒的VF-111之F-14A。（U.S. DoD）

厉的老船长白天总是限制船员饮烈酒，让他们苦干，直到太阳落到横杆以下，于是他就被人称为"Sundowner"。所以飞行员们也希望早日完成"落日"任务，畅饮庆功酒。

从1943年1月起，VF-11的菜鸟们终于轮到了上战场的机会。4月到7月的空战里，该中队一共击落56架敌机。1944年10月，VF-11首次进驻"大黄蜂"号航母（CV-12），同时换装了F6F战斗机，并用该机取得了击落102架敌机的空战战绩，以及更多的地面毁伤记录，于是该中队被光荣地授予总统集体奖章。

从1948年7月起，"落日者"中队被重新编排为VF-111，并改装了F9F-2喷气战斗机。朝鲜战争一开始，VF-111的威廉·艾曼少校驾驶F6F从"菲律宾海"号（CV-47）航母上起飞，击落一架MiG-15，取得了海军喷气机的第一个战果。此后，VF-111还使用过F9F-6、FJ-3、F-11、F-8、F-4等各种战机，参加了越战。直到1978年10月开始装备F-14。不久后就配置在"小鹰"号航母上，参与了解救被困伊朗的55名美国人质的行

凌云壮志　　F-14"雄猫"战机传奇

■1991年试射AIM-54C"不死鸟"导弹的VF-111之F-14A TARPS。（U.S. DoD）

动。

1983年VF-111调到了"卡尔文森"号航母上，此后一直参与各项评比、军训活动，取得不俗成绩，只可惜无缘实战。1985年，VF-111参加了电影《壮志凌云》的拍摄，F-14在里面被喷上了VA攻击中队的标志，并在翼下挂架和AIM-54挂架挂载了摄影机进行拍摄。1991年10月15日，"落日者"又回到了熟悉的"小鹰"号航母，开始环南美的巡游，直到1991年12月11日，VF-111又回到了米拉玛海军航空站。尽管曾经创造了不俗的战绩，但是后期却无用武之地的VF-111，终于在1995年3月，随海军裁军潮而被解散。

VF-114土豚中队(Aardvarks)

代号：Aardvark
机型：F-14A

■VF-114"土豚"中队标志。

VF-114的历史可追溯到1945年，其前身为VBF-19战斗轰炸机中队，早期装备F6F，后来换装F4U-4。和其他很多中队一样，在二战结束后，VBF-19曾多次更名。首先在1946年11月15日更名为VF-20A，专注于战斗任务。1948年8月24日，VF-20A又成为了VF-192。最后在1950年2月15日，更名为VF-114"刽子手"（Executioners）中队。1950年7月5日，VF-114搭载于"菲律宾海"号航母上参加了朝鲜战争，在数月的时间里执行了1100次以上的战斗任务。回国后，VF-114换装F9F喷气式战机，不久升级为F2H，1957年又换配了可挂载AIM-9B导弹的F3H。1961年，VF-114换装F-4B，成为太平洋舰队中第一个接收"鬼怪"战斗机的中队。由于F-4B的身形同BC漫画角色中的土豚"Zot"很相似，于是在1963年VF-114就依照该动漫形象更换了中队名字和标记，这样就成为了后来的"土豚"中队。当时

■VF-114的F-14A于1991年9月在"沙漠风暴"行动中的巡逻任务。（U.S. DoD）

凌云壮志　F-14"雄猫"战机传奇

■1983年时属"企业"号航母的VF-114的F-14A在加州外海护航监视一架Tu-95RT。（U.S. DoD）

VF-114的人还自制了一个两英尺长的土豚模型，放在简报室内，并派有专人守护。1962年，VF-114分配至"小鹰"号航母上的第11舰载机联队，后来升级为F-4J。从1961年至1976年间，VF-114曾五次前往越南作战，并取得了击落数架米格机的战绩。

1975年12月15日，VF-114接收了第一架F-14A，并于1977年1月1日全部完成换装。同年10月，VF-114的F-14首次出海，与VF-213一同前往西太平洋执行任务。1979年3月，VF-114随第11舰载机联队被派到"美利坚"号航母，并前往地中海执行任务，这对于隶属于太平洋舰队的舰载机联队来说是不多见的。执行完两次地中海巡航任务后，VF-114又回到太平洋，1982年9月被派到"企业"号航母上出海。

这次任务是在北太平洋，VF-114和"中途岛"号、"珊瑚海"号上的舰载机联队一起参与了自二战以来最大规模的海军演习。此后，VF-114又参加了数个大型海军演习。1985年VF-114主要留在米拉玛海军航空站，进行空战机动训练，与空军、海军、海军陆战队的精英飞行员较量。同年年底，第11舰载机联队在"企业"号航母上作舰上操作评估。

1986年1月12日西太平洋巡航任务开始，其间曾在珍珠港和菲律宾停留。在战斗群抵达印度洋时，VF-114可谓十分忙碌，因为苏联和印度时常派出飞机侦察航母战斗群，因而VF-114也要频繁地升空对它们进行

第三章 F-14"雄猫"中队史

■VF-114的F-14A与一架SH-3H直升机在"林肯"号甲板上交错摆放。（U.S. DoD）

监视。当时，美国海军的大西洋舰队刚对利比亚实施了空中打击空袭，局势比较紧张。4月15日，"企业"号航母战斗群被派到地中海，中途通过苏伊士运河，成为首艘使用该运河的核动力航母。抵达利比亚附近海域后，第11舰载机联队执行空中巡逻任务，但利比亚战机通常不敢升空。

1987年VF-114专注于训练，先是在加州埃尔森特罗海军航空站训练，随后被调到地域广阔的法隆海军航空站进行舰载机联队作战训练。1988年1月5日，VF-114到达波斯湾执行任务。4月，参加了空袭伊朗钻油台的"螳螂"行动，为攻击机提供护航。1989年2月，VF-114任务结束回国，但又得为9月份的下一次出海任务作准备。首先在埃尔森特罗海军航空站参加舰载战机空战机动

准备计划（FFARP, Fleet Fighter ACM〔Air Combat Maneuvering〕Readiness Program）比赛，随后又到法隆海军航空站进行训练。

1989年9月，VF-114跟随"企业"号航母进行环球航行，沿途参加了多个军事演习。10月，VF-114在一个月的时间内总共飞行了811小时，刷新了F-14中队的纪录。这次任务结束后，第11舰载机联队告别"企业"号航母，被调到当时最新的航母"林肯"号上。1990年9月25日，搭载VF-114的"林肯"号开始了处女航行。1991年年中的时候，"林肯"号进驻波斯湾，替换参加了"沙漠风暴"行动的美国海军航母。VF-114在科威特上空执行多次巡逻任务，但由于战争已经结束因而没有取得任何战果。1993年4月，VF-114正式解散。

凌云壮志 | F-14"雄猫"战机传奇

■在"沙漠风暴"行动中低空飞行的VF-114所属的F-14A。(U.S. DoD)

■1990年,一架VF-114的F-14A从"林肯"号航母上起飞。(U.S. DoD)

VF-124枪手中队(Gunfighters)

代号：Gunslinger
机型：F-14A、F-14D

■VF-124"枪手"中队标志。

1948年8月16日，VF-53成立。由于海军要增加训练中队数目，1958年4月11日，VF-53在加州莫菲特平原海军航空站更名为VF-124，其主要任务是训练F-8飞行员和地勤人员。除了训练工作，VF-124的飞行教员都是完全合格的战斗机飞行员，危急时可以作为候补战斗中队出动。1961年，VF-124的基地迁往米拉玛海军航空站，继续F-8的训练工作。

1970年，F-14A投产，VF-124开始训练F-14飞行教官的骨干成员，以便日后训练F-14飞行员，同时VF-124也成为太平洋舰队的F-14A候补中队。1972年8月，VF-124的最后一批F-8转到VF-63。1972年10月8日，VF-124接收第一批F-14A。前两个F-14中队VF-1和VF-2于10月14日从VF-124分裂出来，成为独立的中队。

1973年12月，美军海军陆战队派出飞行员到VF-124接受训练，但是由于F-14对于海军陆战队来说太过昂贵，所以训练于1976年即告中止。VF-124训练出来的首批飞行员在1974年12月出海，在"小鹰"号航母上进行舰上操作评估。1976年，伊朗飞行员抵达VF-124受训，本来海军打算长期训练伊朗的人员，但是1979年，伊朗国王被推翻，政权易手，训练也随即被中止。

进入20世纪80年代，VF-124开始训练飞行员和地勤操作TARPS系统。到1988年12月，VF-124一共训练出了1502位飞行

■1989年10月，全彩的VF-124的F-14A在飞行线上。（U.S. DoD）

凌云壮志　F-14"雄猫"战机传奇

■VF-124的F-14D准备从"尼米兹"号航母上起飞。（U.S. DoD）

■1990年7月在加州米拉玛基地与一架博物馆收藏的MiG-15 UTI并排的VF-124所属的F-14A。（U.S. DoD）

员，以及超过14400名的维修人员，累计飞行时数超过153193小时。其后，F-14D开始登场，VF-124又为其负责训练飞行员和地勤。1990年11月16日，VF-124接收首架F-14D。1991年10月2日，VF-124派出4架F-14D在"尼米兹"号航母上进行舰上操作评估。

20世纪90年代初期，美国海军削减F-14中队数目，因此不再需要两个训练中队。1994年9月VF-124正式解散，这之后的F-14人员训练都交给了VF-101。

第三章　F-14"雄猫"中队史

■1992年在加州圣地亚哥参训的VF-124所属的F-14A。（U.S. DoD）

■1992年6月驻防在"尼米兹"号航母上的VF-124所属的F-14D。（U.S. DoD）

凌云壮志 F-14"雄猫"战机传奇

VF-142幽灵骑士中队(Ghostriders)

代号：Dakota
机型：F-14A、F-14B

■VF-142"幽灵骑士"中队标志。

VF-142是在1948年由VF-193改编而来，当时他们在"约克城"号航母上，装备为F8F战斗机。1950年起开始使用F4U，并转到"普林斯顿"号（CV-37）航母，随后参加了朝鲜战争。1952年又回到"约克城"号，改飞F2H-3战斗机。1957年至1963年，VF-142装备的是F3H-3战斗机，服役地点则转到了"好人理查德"号（CVA-31）航母上。1960和1962年，"幽灵骑士"中队两次获得了战斗效率奖（Battle E）。

从1963年起，VF-142换装F-4B，并在1964年5月到1968年5月的4次西太平洋战斗任务中，先后派驻"游骑兵"号和"星座"号航母参加了越战。这期间击落了两架MiG-21，以及MiG-17和An-2运输机各一架，并再次获得太平洋舰队司令颁发的战斗效率奖。换装了更新的F-4J战机以后，"幽

■1985年驻防在"艾森豪威尔"号航母上的VF-142的F-14A，背景为一架A-7E攻击机。（U.S. DoD）

■1992年3月，VF-142的两架F-14A和另一架A-6E轮流与KC-135R进行空中加油作业。（U.S. DoD）

凌云壮志　F-14"雄猫"战机传奇

■1985年5月1日，VF-142全中队由"艾森豪威尔"号航母上向欧希安纳海军航空站布防的画面。（U.S. DoD）

灵骑士"中队又先后跟随"星座"号和"企业"号参加了越战的多次行动，主要是掩护B-52"空中超级堡垒"战略轰炸机深入敌军腹地执行轰炸任务。VF-142在这阶段又有一次击落MiG-21的记录，使得他们成了第一个在越战中达到王牌战绩（5架）的海军战斗机中队。

1973年的地中海巡航任务结束后，VF-142开始全面列装F-14A，并在1975年4月1日把基地从米拉玛海军航空站转到了欧希安纳海军航空站，离开第14舰载机联队加入了第7舰载机联队。1976年4月23日，在地中海执行任务的时候巡航，隶属于"美利坚"号航母的VF-142成为了第一个使用F-14拦截Tu-95轰炸机的中队，为此再获战斗效率奖。1978年，他们又从"美利坚"号转到了"艾森豪威尔"号航母服役。

作为第6舰队的一分子，"艾森豪威

第三章　F-14"雄猫"中队史

■1988年春季，VF-142和VF-143的F-14A一同驻防于"艾森豪威尔"号航母上。（U.S. DoD）

尔"号参加了伊朗人质危机事件。从1980年4月16日至12月22日，VF-142几乎每天都执行飞行巡逻任务，除了有一次在新加坡的5天以外，因此他们获得了海军远征奖和海军集体奖。1983年4月27日到7月中旬，VF-142参加了在黎巴嫩贝鲁特的维持和平行动，与联合国部队进行密切配合。他们的32名飞行员、205名工作人员和12架F-14总共飞行了3200小时，进行了1500次着舰。1984年是VF-142最为成功的一年，其中包括FFARP比赛中创造了6.2∶1的战损比率，

以及卫冕了第7舰载机联队的战斗锦标赛冠军。5月7日到诺曼底参加了D日登陆40周年庆，还创造了4000小时安全飞行纪录，并被提名战斗效率奖。

1989年3月24日，VF-142开始接收第一架升级的F-14B。1990年8月8日，VF-142跟随"艾森豪威尔"号航母一起穿越苏伊士运河到达红海，参加了随后的海湾战争。当时美国海军的整个红海战斗群得到了F-14B的有效保护，VF-142总共飞行了2300小时，完成了1200次着舰。同年年底，他们

209

凌云壮志　　F-14"雄猫"战机传奇

■VF-142的"雄猫"座舱空拍特写，时为1987年11月。（U.S. DoD）

又在舰队FFARP比赛中把战损比率提高到了11.5∶1。

1991年11月13日，正在波斯湾执行任务的VF-142一架编号为AG205的F-14战斗机，在飞行中雷达罩锁发生了故障，雷达罩突然飞脱击中风挡，打碎了玻璃。该机飞行员乔·爱德华兹少校右锁骨折断，玻璃碎片扎到眼中，而当时的视线只剩下风挡上一个三寸大的洞，其他部分的玻璃也严重碎裂，但爱德华兹少校与领航员斯科特·格鲁德奈尔少校面对危险没有畏惧，他们只想尽可能地挽救这架F-14。两人在航空母舰上导航员的指挥下，沉着应对，把已经严重受损的战斗机安全降落到航空母舰上。

事后，两位飞行员都获得了优异飞行十字勋章。爱德华兹少校被送回国，进行了眼部手术，伤愈后进入NASA继续飞行。虽然两位飞行员的勇气与技术在这次事故中起到了重要的作用，但F-14强大的生命力也是功不可没的。

1992年，VF-142登上了美国海军当时最新的"华盛顿"号航母。在第二年的FFARP比赛中，他们面对的是VF-143，飞行内容也变成了"把F-14变成具有自卫能力的对地攻击机"。VF-142的突出表现也推动了F-14攻击能力的多样化，一些经验也被写进了新的海军航空兵教学大纲中。1995年4月，在军费削减的风潮中，VF-142同大多数F-14中队一样遭解散。

VF-143呕吐犬中队(Pukin' Dogs)

代号：Dog
机型：F-14A、F-14B

■VF-143"呕吐犬"中队标志。

VF-143最初以VF-871命名，于1949年成立，是一支配备F4U-4的后备战斗机中队，以旧金山阿拉米达海军航空站为基地。VF-871分别搭载于"普林斯顿"号航母和"埃塞克斯"号航母（CV-9）上，先后两次参加了朝鲜战争。1953年，VF-871更名为VF-123，配备F9F-2战斗机。1958年换装F3H，并更名为VF-53。

这时候，中队开始在原有中队标志的蓝色盾牌上，画上一只有翼的黑狮子作为标志，这是一种假想的动物，叫"鹰狮"

■VF-143的F-14B机队于2005年春在弗吉尼亚州上空编队，此时这个中队已换装FA-18E。（U.S. Navy）

凌云壮志　F-14"雄猫"战机传奇

■2005年1月在佛罗里达州西部之基韦斯特海军航空站上空编队的VF-143之F-14B和F/A-18E。（U.S. Navy）

（Griffin）。而"呕吐犬"的来源则有两个说法，较为准确的就是当中队使用鹰狮作队徽时，有一位女士参观中队时看见了这个动物，觉得它低着头张开嘴，好像一只在呕吐的狗，于是她把这个想法告诉了该中队的成员。结果"呕吐犬"这个名字在私下里流传开来，最后大家都认可了这种叫法。

另一个说法，就是在越战时，美国空军的F-105战斗机飞行员给了"鹰狮"相同的评价。不论哪种说法最为准确，"呕吐犬"的传奇由此正式展开。1962年VF-53正式更名为VF-143，并换装F-4战斗机。VF-143与

第三章 F-14"雄猫"中队史

■在"华盛顿"号航母上空警戒的VF-143所属F-14A。（U.S. DoD）

凌云壮志　F-14"雄猫"战机传奇

VF-142是姊妹中队，越战时曾七次被派到越南执行战斗任务。1967年，VF-143打下了一架MiG-21。

1974年，VF-143把F-4J换成了F-14A。换装完成后，在1976年由米拉玛海军航空站迁往欧希安纳海军航空站。不久VF-143开始配备TARPS系统，对苏联当时最新的"基辅"级"新罗西斯克"号航母以及"斯拉瓦"级巡洋舰进行了侦察，并带回了第一批侦察照片。1983年，VF-143成为第一个执行战斗侦察任务的F-14中队，在黎巴嫩上空执行45次TARPS任务。1990年，VF-143也是第一个使用F-14A+执行巡航任务的中队，当时驻防在"艾森豪威尔"号航空母舰上。1990年8月伊拉克入侵科威特，"艾森豪威尔"号航母战斗群紧急赶往红海。8月底，"萨拉托加"号航母到达接替，"艾森豪威尔"号启程回国。

1990年，VF-143连续两年得到FFARP优胜。1991年VF-143得到大西洋战斗效率奖及Clifton大奖，获得美国海军中最佳海军中队的殊荣。1991年5月，VF-143派遣一支分队到法隆海军航空站，并成为第一个投放空对地武器实弹的F-14中队。同年9月，VF-143前往波斯湾，加入了"沙漠风暴"行动。

1992年8月，VF-143和第7舰载机联队被派到当时最新的"华盛顿"号航母上服役。1994年，VF-143首次地中海巡航，其间参加了D日登陆50周年纪念日，以及伊拉克禁飞区任务。VF-143的出色表现，令它再次获得Battle E、Safety S、Clifton和Golden Wrench Awards等奖项。

1995年12月，VF-143完成了回航以后的训练，再次到波斯尼亚执行任务，支援"果断奋进"行动以及波斯湾的"南方守望"行动。在第7舰载机联队中VF-143扮演了非常重要的角色，是多种任务的主力，包括TARPS侦察、空优、对地攻击等。VF-143也参与了与荷兰、西班牙、法国、巴林和沙特阿拉伯等国家的联合演习。1996年7月，VF-143总共参加了1400次任务，成功率高达99.3%。

在20世纪80年代至90年代初，VF-143的名字"呕吐犬"被认为是"品位低下的"（Puking是英语中的俚语），引起多番争论。有的人提出海军不应该允许中队使用这样有损士气的名字，而中队队员和支持者们则激烈反驳，坚决不同意改名。后来美国海军下令VF-143中队删除"Puking"字眼，改称为"Dogs"。不过在1996年则传来了好消息，美国海军再次让VF-143试用"呕吐犬"这个名称。

1998年，VF-143被派到"史坦尼斯"号航母上服役，并在波斯湾随舰队逗留了131天。那段时间里，VF-143的F-14使用LANTIRN吊舱、TARPS系统和夜视系统，出色地完成了这次任务，并获得了Battle E和Safety S奖。2005年，VF-143也正式退出了现役。

VF-154黑武士中队(Black Knights)

代号：Knight
机型：F-14A

■VF-154"黑武士"中队标志。

1946年7月1日，VFB-718后备中队在纽约弗洛伊德·班纳特海军航空站成立，后来更名为VF-68A换装F4U。不久再改名为VF-837，基地迁往加州莫菲特平原海军航空站。VF-837先后搭载于"安提坦"号（CV-36）、"普林斯顿"号航母上参加了朝鲜战争，在此期间正式更名为VF-154。朝鲜战争中，VF-154的F9F投下了470吨炸弹，发射了1500000发炮弹。1953年6月15日，VF-154一天里连续出动了48次，创造了美国海军航空中队的纪录。

1957年，VF-154换装F-8战斗机。此时，中队开始更换队名，原本叫做"全胜者"（The Grand Slammers），队徽是一只火飞豹。现在更换成由卡通画家米尔顿·卡尼夫设计的"黑武士"（The Black Knights），他一只手拿着剑，象征为和平公义而战，另一只手持盾牌，象征保护弱小。

越战时，VF-154隶属于"珊瑚海"号上的第15舰载机联队。在此期间，VF-154换装当时舰队战斗机中队的标准战机F-4B，并被派到第2舰载机联队。1970年，VF-154把F-4B升级为F-4J，然后参加最后一次越战任务，并在最后的几次空袭中出击，凭借其出色的表现赢得了Clifton大奖，成为了海军中最优秀的中队。1979年，VF-154接收了海军最新型的F-4S，但1931年又改装回F-4N。由于"珊瑚海"号航母体积过小，

■1986年6月在内华达州法隆海军航空站的VF-154之F-14A，时驻"星座"号航母。（U.S. DoD）

凌云壮志 | F-14"雄猫"战机传奇

■1989年9月,参加"PACEX'89"演习的VF-154所属的F-14A从"星座"号航母上起飞。(U.S. DoD)

■1994年8月,VF-154所属的F-14A两机编队在马里亚纳群岛上空巡航。(U.S. DoD)

不能配备F-14中队,因而VF-154和姊妹中队VF-21是最晚接收F-14的中队之一。

1983年,VF-154正式列装F-14A,并配备TARPS系统。1985年在"星座"号航母上的第14舰载机联队进行首次F-14出海任务,而在执行1987年的任务时,VF-154的F-14曾拦截过伊朗的P-3F反潜机(当年也是由美国提供给伊朗巴列维政权的)。后来第14舰载机联队被派到"独立"号航母上服役,并参加"沙漠风暴"行动。1991年8月,"独立"号被派到日本横须贺基地驻守,接替除役的"珊瑚海"号航母,于是VF-154就由第14舰载机联队转到第5舰载机联队,基地也转到厚木基地,成为第一个驻守海外的F-14中队。同时,VF-154引入了"炸弹猫"功能。

当VF-21被解散的时候,VF-154就成为了第5舰载机联队中唯一的F-14中队,并对F-14A进行了升级,以支援"蓝盾"系统。1996年11月,VF-154开始执行舰上服役测试。1997年4月11日,VF-154参加完"Tandem Thrust"联合演习之后,由于其部分F-14A机体老化,就与VF-213交换了6架F-14A,因为VF-213很快便会换装F-14D。1998－1999年度,VF-154如它们以前的名字"Grand Slammer"一样,大获全胜,得到Safety S安全奖、Battle E效率奖、Boola Boola空战奖、Golden Wrench维修奖,以及Clifton大奖。

2002年底至2003年4月,VF-154随"小鹰"号航母参与了伊拉克战争。2003年5月返回厚木基地,9月底VF-154所有的F-14开始登船返回美国国内进行转换训练,中队也随之被解散。随着F-14的除役VF-154也更名为VFA-154战斗攻击中队,并开始装备F/A-18F攻击机。

■在日本厚木基地参加Wings 2000航空展活动的VF-154所属的F-14A。(U.S. DoD)

凌云壮志　F-14"雄猫"战机传奇

VF-191撒旦小猫中队(Satan's Kittens)

代号：Hellcat
机型：F-14A

■VF-191"撒旦小猫"中队标志。

■VF-191所属的F-14A。

VF-191是VF-194的姊妹中队，这两个中队都是"雄猫"史上寿命最短的中队。

最初的VF-191参加过二战、朝鲜战争和越战，其中值得一提的是美国海军"蓝天使"飞行表演队曾经在1950年编入VF-191参加了朝鲜战争。1976年VF-191换装F-4，但只参加了一次出海任务后就被解散了。1986年，VF-191重新成立，虽然保存了VF-191的名字，但事实上和以前的VF-191已经没有了任何关系。在与VF-124一起训练之后，本来会被派到"独立"号航母上的第10舰载机联队服役，但在此之前就被解散了。

■VF-191所属F-14A和甲板导引员。VF-191还未登上"独立"号航母，却先上了"企业"号航母，这是1988年1月1日拍摄的照片，之后的4月30日VF-191就解散了。

VF-194红闪电中队(Red Lightnings)

代号：Hellfire
机型：F-14A

VF-194与VF-191的命运几乎一样，匆匆来匆匆去，因而很少为人所知，它们可以说是最"低调"的F-14中队。

■VF-194"红闪电"中队标志。

■1987年10月1日从加州乔治空军基地起飞的VF-194所属的F-14A。（U.S. DoD）

凌云壮志　F-14"雄猫"战机传奇

■飞掠加州米拉玛海军航空站上空的VF-194所属的F-14A两机编队，时为1988年5月。（U.S. DoD）

■1988年2月8日在加州圣地亚哥上空的VF-194所属的F-14A。（U.S. DoD）

■VF-194的迷彩涂装对比，时为1989年8月2日。（U.S. DoD）

凌云壮志　F-14"雄猫"战机传奇

VF-201猎人中队(Hunters)

代号：Hunter
机型：F-14A

■VF-201"猎人"中队标志。

1970年7月25日，VF-201"猎人"中队正式于达拉斯海军航空站成立。最初配备F-8，1976年2月升级为F-4N，1984年再换装最先进的F-4S。

后来由于海军认为后补中队应配备与前线中队一样的装备，1987年初VF-201接收了第一架F-14A，同年12月完成换装，并被派到"福莱斯特"号航母上进行舰上服役测试。

VF-201一部分装备的F-14A，是直接由格鲁曼公司的生产线交付的，其中装备的一架（编号BuNO.162711）就是该生产线生产的最后一架F-14A，自此以后就转为生产F-14A+（B）。VF-201的涂装颇为低调，垂尾上德州的轮廓，加上几条斜条纹。

20世纪90年代，VF-201引进了F-14的攻击能力，可以投放各种炸弹、空中诱饵以及信号弹等。1995年在法隆航空站的训练中，隶属于第20后备舰载机联队（CVWR-20）的VF-201充分展示了这些能力。后来，VF-201又承继了原来由VF-202来做的TAPRS任务。

由于海军削减F-14中队数目，第20后备舰载机联队也要解散一个F-14中队，而VF-202的机体时数已经差不多了，如果要继续服役就必须要换新的，所以VF-202被解

■VF-201的F-14A（明视涂装）。

第三章 F-14"雄猫"中队史

■VF-201的F-14A第20后备舰载机联队长机。

散。于是，VF-201就成为了该航空团中唯一一支F-14中队。

由于海军也削减了假想敌中队，VF-201也就担任了这个角色，扮演不同的入侵者。一方面为缺乏经验的F-14队员提供简单的一对一训练，另一方面也扮演整个入侵的机群。VF-201在1993年得到Battle E奖，1994年获得Safety S奖。第20后备舰载机联队名义上是隶属于"肯尼迪"号航母。1996年夏天，由于某些运作上的原因，VF-201无法在"肯尼迪"号上进行训练，但是却得以在当时最新的航母"史坦尼斯"号上进行训练，其中包括实弹射击，各中队都差不多用完了每年的武器配给。VF-201发射了7枚AIM-9、6枚AIM-7和1枚AIM-54。本来打算多用两枚AIM-54的，但由于技术问题未能实现。另外，VF-201也投下了17000磅对地

武器，显示了F-14对地攻击的威力。

1996年，VF-201到了基韦斯特海军航空站服役，与VFA-106"角斗士"中队的F/A-18一起训练，进行了不少空中格斗演练。1996年8月，VF-201派了数架F-14到欧希安纳海军航空站，那两枚没有发射的库存AIM-54，终于在此时派上了用场。同时，VF-201又参加了SFARP（Strike Fighter Air Readiness Program）攻击机的准备课程。1996年底，VF-201在达拉斯海军航空站操作，为接受指挥官审查作准备。当时伊拉克局势混乱，但海军没有动用VF-201，只令其进入戒备状态，尽量使得全部战机进行备战，随时准备大干一场。要知道F-14年纪已经不小，要立刻由平常进入战斗状态并不容易。

11月，VF-201派了6架F-14到法隆海军

223

凌云壮志　F-14"雄猫"战机传奇

■VF-201的F-14A(低视涂装)。

航空站,同第2舰载机联队一起进行训练。其中VF-201曾同VF-2的F-14D交过手,但是由于VF-2的F-14D在性能上比F-14A大幅提高,能轻易对付VF-201以及VFC-13假想敌中队的F-5E/F。此后由于第30后备舰载机联队(CVWR-30)的解散,第20后备舰载机联队就成为了唯一的后备舰载机联队。

1997年是VF-201最忙碌的一年,不停地进行飞行、武器投放试验。此时,VF-102正完成了最新F-14B的装备,也在法隆进行测试。3月初,VF-201派了分队到佛罗里达州的基韦斯特海军航空站,同VF-101的新F-14飞行员进行空战机动(ACM,Air Combat Maneuvering)训练。1997年3月9日,代号AF115的VF-201的F-14A(编号BuNO.161152)创出最高飞行时数,一共飞行了4813.9小时。不幸的是,这也代表了它过了指定的飞行时数。从BuNO.来看,这架飞机是较新的F-14,但是由于曾在VF-101训练中队服役,所以飞行时数特别高。

VF-201在1996年时接收了4个"蓝盾"吊舱,但后来都移交给了VF-103。1997年VF-201再次接收4个"蓝盾"吊舱,在此之后,VF-201进行了有关训练。1998年底,VF-201把它的F-14交给了常态舰队,然后更名为VFA-201,并开始接收F/A-18A。

VF-202超级热火中队(Superheats)

代号：Superheat
机型：F-14A

■VF-202"超级热火"中队标志。

1970年7月1日，VF-202正式成立。1987年4月10日，VF-202把F-4S升级为F-14A，并于1988年5月完成换装，在"美利坚"号航母上进行舰载测试。1988年，VF-202参加了德州Bergstorm空军基地的侦察大会，一同参加的还有其他F-14中队，包括VF-124。

后来由于海军削减F-14中队数目，第20后备舰载机联队（CVWR-20）也要解散一队F-14。原本VF-202是TARPS中队，应该不用解散的，可惜VF-202的F-14A机体寿命已经差不多了，如果要继续服役就必须要换新的。于是，VF-201就成为了第20后备舰载机联队唯一的一队F-14，而VF-202则不幸被解散。

■VF-202的F-14A（低视涂装）。

■VF-202的F-14A（明视涂装）。

凌云壮志　F-14"雄猫"战机传奇

VF-211将军中队(Checkmates)

代号：Nickel
机型：F-14A、F-14B

■VF-211"将军"中队标志。

VF-211的历史，可追溯到VB-74。VB-74在1945年成立，并在1959年3月9日更名为VF-211。在接收F-14A之前，VF-211配备F-8。

大概在1975年底至1976年初，VF-211成为第9个换装F-14A的中队，这之前是VF-124、VF-1、VF-2、VF-14、VF-32、VF-142、VF-143、VF-114。1976年6月，VF-211在"星座"号航母上进行着舰测试。1977年4月初，VF-211和姊妹中队VF-24一同被正式派到"星座"号上的第9舰载机联队服役。1980年，VF-211配备了TARPS系统。

1983年7月，"星座"号航母上进行支援F/A-18的升级，于是第9舰载机联队转到

■1984年6月28日在加州圣地亚哥上空的VF-211所属的F-14A的座舱部分特写。（U.S. DoD）

第三章　F-14"雄猫"中队史

■一架满载"不死鸟"导弹的VF-211所属的F-14A，摄于1989年10月1日。（U.S. DoD）

■空优低视迷彩涂装的VF-211之F-14A右舷特写。（U.S. DoD）

凌云壮志　　F-14"雄猫"战机传奇

■ "尼米兹"号航母VF-211所属的F-14A在1997年的圣诞节纪念涂装。（U.S. DoD）

"游骑兵"号上服役。1985年7月至12月，第9舰载机联队又转到"小鹰"号上出航，因为"游骑兵"号也要进行F/A-18升级。1987年初，第9舰载机联队又回到"星座"号上，但在执行完一次出航任务后，就被派到刚由大西洋舰队转到太平洋舰队的"尼米兹"号航母上。1986年，VF-211试验了新的水溶性迷彩，最少在四架F-14上涂上了褐色和灰色等的三色迷彩。这些暂时性的涂料，风干得颇快，上色要花四小时，清洗就要十小时。

1989年4月，VF-211接收了新的F-14A+（B）。1992年，美国海军决定所有大西洋舰队将只配备F-14B，而太平洋舰队则配备F-14A和F-14D，因此VF-211又放弃了F-14B，改用F-14A。VF-211曾接受对地攻击训练，但由于海军"蓝盾"吊舱不多，所以不是全队的F-14也配备此功能。1996年8月，VF-211由米拉玛转到了欧希安纳海军航空站，现在所有太平洋舰队中队要出海的时候，都要由东岸飞到西岸，而且由于行政原因，所有F-14中队均隶属大西洋舰队海军航空兵指挥部（COMNAVAIRLANT）。

1997年，VF-211的10架F-14又搭载在

第三章　F-14"雄猫"中队史

■准备搭载"不死鸟"训练用导弹的VF-211所属的F-14A。（U.S. DoD）

"尼米兹"号航母上出海，配备了若干个LANTIRN吊舱。当时，伊拉克总统萨达姆把联合国武器调查员驱逐出境，使得局势再度紧张。"尼米兹"号航母战斗群则立刻前往该地区集结兵力，VF-211则执行"南方守望"行动的禁飞区任务。虽然"尼米兹"号航母战斗群最终没有进行攻击，但是证明了航母的优点，不像空军那样要借用别人的空军基地，可以作出最快的反应。VF-211驻守当地数月，仍然没有提出归国要求，每天都出动执行任务。他们还在垂尾上喷上了中队吉祥物"Bluto"，这是VF-211在海上过圣诞的习俗。

1998年1月，VF-211终于回到欧希安纳海军航空站。在稍作休息后，VF-211除了恢复正常飞行外，还派出数架F-14参加法隆和诺福克的飞行表演。2002年7月，VF-211开始换装F/A-18F，基地也迁往加州勒穆尔海军航空站。2004年，VF-211的全部F-14退出了现役。

凌云壮志　F-14"雄猫"战机传奇

VF-213黑狮子中队(Black Lions)

代号：Lion
机型：F-14A、F-14D

■VF-213"黑狮子"中队标志。

首先对于其他历史悠久的"雄猫"中队来说，VF-213"黑狮子"中队就相当年轻了，它于1955年6月22日成立。虽然年轻，但VF-213是太平洋舰队中最早接收F-14的中队之一，并在1976年9月全部替换了F-4B。1977年10月，VF-213和VF-114跟随第11舰载机联队在"小鹰"号航母上出海巡航。任务结束后，VF-213被调到"美利坚"号航母上，连续两年执行地中海巡航任务。

1982年，VF-213就配备了TARPS侦察系统。同年年底，第11舰载机联队转到"企业"号航母上服役。除了1984年有一次"企业"号航母进行补给、VF-213被临时派到"林肯"号航母上之外，VF-213与"企业"号的关系维持了整个80年代。后来VF-114遭解散，VF-213就成为了"企业"号航母战斗群里的唯一一个F-14中队，除了提供

■2005年9月隶属第8舰载机联队的VF-213的F-14D和一架S-3B编队。（U.S. DoD）

■1983年6月15日在"企业"号航母上完成第20万次安全降落的VF-213的F-14A机组人员。(U.S. DoD)

■VF-213"黑狮子"中队的"猫群"。(U.S. Navy)

凌云壮志　　F-14"雄猫"战机传奇

■VF-213"黑狮子"中队在波斯湾夜间出动。（U.S. Navy）

舰队保护，还执行"炸弹猫"任务。1990年9月VF-213改隶"林肯"号航母，并在1991年参加了"沙漠风暴"行动，执行科威特境内的空中巡逻与战术侦察任务。

俗话说"猫有九条命"，"黑狮子"中队的"雄猫"也是这样表现的。1991年6月29日，南中国海上空，VF-213编号为NH205的F-14A战斗机与该中队编号为NH201的F-14A在空中相撞。NH201号机随即坠海，机组成员成功弹射并获救。而NH205号机的机组成员在失去了9.5英尺右翼的情况下，奇迹般将破损的F-14A转飞新加坡迫降成功！这一事件与以色列空军的F-15战斗机被打掉半个主翼后仍坚持返回基地有异曲同工之妙。

1993年，VF-213的优异服役表现为它赢得了年度最佳战斗机中队MUTHA奖，随后与"林肯"号再度前往波斯湾与索马里执行"重建希望"行动。1996年，第11舰载机联队又回到"小鹰"号上服役，并在当年参加了"环太平洋96"演习。在这次演习中，VF-213的任务达标率高达99%，并赢得了当

■2005年10月10日在弗州欧希安纳海军航空站上空的VF-213所属的F-14D载有LANTIRN系统。（U.S. DoD）

■1990年9月，VF-213的F-14A正在"林肯"号航母上进行起飞前的检查。（U.S. DoD）

凌云壮志　F-14"雄猫"战机传奇

■2003年4月,从"罗斯福"号航母起飞参加"伊拉克自由"行动的VF-213所属F-14D。(U.S. DoD)

年第11舰载机联队的最佳尾钩奖。这次任务期间VF-213在澳大利亚停留,与"独立"号航母上的VF-154交换了6架F-14A。VF-213带着VF-154残旧的机体返回了圣地亚哥。

因为VF-154在日本驻守,这样交换飞机就不用回美国也可以更新残旧的机体。同年米拉玛海军航空站关闭,太平洋舰队舰上战斗机联队同时解编,VF-213成为最后一个离开米拉玛的F-14舰载战斗机中队。

1997年12月,VF-213换装F-14D,战斗力得到了大幅提升。1998年,第11舰载机联队与第14舰载机联队交换航母,VF-213被换到"卡尔文森"号航母上服役。在同年举行的"环太平洋98"演习中,VF-213发射了多枚AIM-9和AIM-54导弹,并首次在夜间发射了AIM-54导弹。

1999年1月5日,2架美国空军的F-15C和4架VF-213的F-14D,与13架伊拉克MiG-25和"幻影"F-1EQ在伊拉克南部的禁飞区遭遇,F-14D在极限距离发射了8枚警告性质的AIM-54C导弹。于是敌机立刻掉头逃跑,均没被击中,但其中一架伊拉克战机在降落前因为燃油耗尽而坠毁。在2001年的"持久自由"行动中,VF-213在阿富汗上空执行打击任务。

完成任务返回美国后,VF-213由第11舰载机联队转隶至第8舰载机联队,而第

第三章　F-14"雄猫"中队史

■VF-213和VF-31是"尼米兹"号航母上最后部署F-14的两个中队。（U.S. Navy）

11舰载机联队则开始接收F/A-18E/F战机，这其中原隶属于第8舰载机联队的VF-14和VF-41分别换装F/A-18E、F/A-18F，中队名也改为VFA-14和VFA-41。从此，"雄猫"VF中队开始一个个的换装F/A-18F（VF-14是唯一换装F/A-18E型的"雄猫"中队），成为VFA中队。

2002年11月的一天，VF-213一架代号为NH101的F-14D战斗机执行"出租车任务"，搭载一位"宙斯盾"级巡洋舰的海军军官返回内华达州内陆基地，飞行员是史基普·金中校。飞行途中，后座的那位军官老兄可能感觉自己的座位没有调节好，坐的不太舒服，于是他试图自己调节座椅（以为自己真的是在出租车里），鲁莽地拉动座位下方的黄黑相间的弹射座椅拉环。只听"砰"的一声，这位老兄马上发觉自己已经不在飞机里了。不幸中的万幸，这个可怜的家伙安全着陆只是受了点轻伤，而飞行员反应迅速，把飞机稳定住以后成功降落在法隆海军航空站。

最初VF-213是第8舰载机联队的100中队，但2004年底VF-31从第14舰载机联队转过来之后就变为200中队。2006年，VF-213与VF-31一同除役，从此为F-14的舰上生涯画上了一个圆满的句号。

■VF-213和VF-31在"尼米兹"号航母上共享的作战室。(U.S. Navy)

■VF-213的F-14D在"尼米兹"号航母上移至弹射起飞位置。(U.S. Navy)

VF-301魔鬼门徒中队(Devil's Disciples)

代号：Devil
机型：F-14A

■VF-301"魔鬼门徒"中队标志。

1970年10月1日，VF-301候补中队成立，配备F-8战斗机。4年后换装F-4B，但在1975年就升级为F-4N，1980年11月再列装F-4S。1984年10月，VF-301开始接收F-14，正式加入了"雄猫"中队的阵营。1985年4月21日，VF-301派出5架F-14到亚利桑那州的尤玛海军陆战队航空站，同F-21A"幼狮"战斗机（由以色列租借到美国海军陆战队服役）进行了空战训练。这段时间，VF-301还未换装完成。一直到1985年8月4日，整个中队才能进入法隆海军航空站进行全体操演。

VF-301的首次着舰在"游骑兵"号航母上进行，在1988年8月10日至22日期间又在"企业"号航母上进行训练。后来，VF-301成为第一个投下对地武器的候补中队，使用的是Mk-84和Mk-20炸弹。

在服役24年后，1994年9月11日，VF-301和VF-302正式解散，第30后备舰载机联队不久也被解散。VF-301总共飞行了71322.4小时，这中间没有发生过任何A级事故，创造了美国海军喷气机中队的纪录。

■VF-301的F-14A正准备滑行进入"星座"号的弹射位置。（U.S. DoD）

凌云壮志　　F-14"雄猫"战机传奇

■1987年1月15日驻防在"星座"号航母上的VF-301所属的F-14A。（U.S. DoD）

■1992年8月在"尼米兹"号航母上的VF-301"魔鬼门徒"中队所属的F-14A和VA-304"火鸟"中队的A-6E。（U.S. Navy）

第三章　F-14"雄猫"中队史

■20世纪80年代中期的VF-301仍在操作F-4S。（U.S. Navy）

VF-302公马中队(Stallions)

代号：Stallion
机型：F-14A

■VF-302"公马"中队标志。

1971年5月21日，VF-302正式成立。到1973年11月前，配备的是F-8K，后来换装F-4B。1975年升级为F-4N，并曾得到海军后备中队的Battle E奖。1981年，VF-302列装F-4S。

1985年2月，VF-302接收F-14A，并于1986年1月在"游骑兵"号航母上进行测试，1988年8月10日至22日期间又在"企业"号航母上进行训练。1986年，VF-302成为首个配备TARPS系统的候补中队，并参加了1988年德州Bergstrom AFB的侦察大会（RAM'88）。1994年9月11日，VF-302正式解散。

■1990年2月15日和加拿大空军第416中队CF-18编队的VF-302所属的F-14A。（U.S. DoD）

第三章 F-14"雄猫"中队史

■1987年1月15日在"星座"号上交谈的VF-302机组员。(U.S. DoD)

■从"星座"号充满蒸气的甲板上准备起飞的VF-302之F-14A。(U.S. DoD)

凌云壮志 | F-14"雄猫"战机传奇

■晚霞映照着的F-14A座舱，此时VF-302正在德州布列斯东基地参加RAM'88侦察大会。（U.S. DoD）

VF-1485美国人中队(The Americans)

代号：Gunslinger（VF-124）
机型：F-14A（VF-124）

■VF-1485"美国人"中队标志。

VF-1485是米拉玛海军航空站的一个扩充中队，20世纪80年代至90年代初隶属于美国海军后备航空分队。VF-1485的成员包括飞行员、导航员及维修人员，每个月的一个周末会替补VF-124的工作。VF-1485没有自己的飞机，他们使用VF-124的F-14。

VF-1485的工作人员可以和VF-124交替，也为其他训练提供教官。除了VF-1485，还有一个鲜为人知的VF-1285。VF-1285和VF-1485的情况差不多，它们可以飞VF-301和VF-302的F-4。1984年，VF-301和VF-302换装F-14，VF-1285也随之解散。

■准备降落在"罗斯福"号航母上的F-14。（U.S. DoD）

VX-4评价者实验中队(The Evaluators)

代号：？
机型：F-14A、F-14B、F-14D

■VX-4"评价者"中队标志。

VX-4的前身是在1950年新英格兰成立的第4飞行试验评估中队，其主要任务是配合发展早期空中预警系统。1951年该中队进驻帕塔克森特河海军航空站，不过很快该航空站就因为试验任务的中止而遭弃置。1952年，VX-4又奉命转移到加州木古角海军航空站进行空射导弹的试验。1960年，他们开始接受测试制导导弹以外的附加任务，比如地形跟踪雷达、多普勒导航系统以及空中测距仪器的测试等。

装备给VX-4的飞机都是现役的主力战机，或者即将装备部队的新型飞机。最初的时候是F7U"弯刀"战斗机，然后是并列双座的F3D"空中骑士"战斗机。此后，还先后装备过FJ、A-4、F3H、F-8和F-4等机型。而到了70年代，VX-4开始使用F-14A，并测试了AIM-7M、AIM-9M、AIM-54C等

■VX-4的F-14和F-4。

第三章　F-14"雄猫"中队史

■VX-4的F-14D（低视涂装）。

武器系统，以及雷达告警器和干扰器等电子设备。1990年1月，F-4战机在VX-4将近30年的服役画上了句号。几个月后，最新的F-14D加入了VX-4的测试行列。

从1990年起，VX-4还完成了T-45"苍鹰"教练机（英国Hawk"鹰"式教练机的美国海军型号）的全套训练系统的测试。同年进行了ALR-67雷达告警接收机的试验，并为其最终成功整合到F-14B做出了加大的贡献。当然，VX-4也进行过发射AIM-120先进中距离空对空导弹的试验。

1990年8月伊拉克入侵科威特，从那时起到1991年年底，VX-4参加了其间一系列的军事行动，进行战机武器系统的实战测试。1991年"沙漠风暴"行动开始以后，VX-4的部分人员被安排到游弋在红海和北阿拉伯海的航母战斗群上，由他们发布信息和任务简报，传达最新的测试结果，以改进中队战术和提升战斗力。

海湾战争结束后，VX-4又恢复到了常态测试任务中。除了进行F-14D的相关评估工作，中间也穿插了F/A-18配置AIM-120的测试试验。1991年和1992年，VX-4最重要的任务就是进行F/A-18装备的ALR-67（ECP-510）测试。1993年末，"大黄蜂"在VX-4的测试停步了，所有的F/A-18项目和飞机都将转交到中国湖基地的VX-5，这是两个中队合并的第一步。1993年末到1994年初，所有的F/A-18都飞到了中国湖。1994年，完成了AIM-120导弹的最终测试。1994年9月30日，VX-4被解散，其人员与资产都移交到了木古角海军航空站的VX-9名下。

凌云壮志　F-14"雄猫"战机传奇

VX-9吸血鬼实验中队(Vampires)

代号：？
机型：F-14A、F-14B、F-14D

■VX-9"吸血鬼"中队标志。

VX-9的前身是VX-5，于1951年6月18日在加州莫菲特平原海军航空站成立。最初的配置是9架AD"空中侵袭者"战斗机，15名飞行军官和100名机工长。该中队在战斗发展指挥部（即现在的作战测试及评估指挥部）的领导下，进行战机的战术发展和测评，以及对空投特殊武器的技术研究。服役期间，VX-5运用一切可能的设备和手段，在全美各地不停地进行培训，使得各战斗机中队都可以得到最新的战术技巧。

1956年7月，VX-5调到了加州中国湖的海军航空基地，那里广阔的空域、地域和先进的测试仪器设备，成了它们的独享财富。至1985年1月，因为EA-6B相关的武器系统测试需要回到中国湖进行，VX-5才转移到了华盛顿州的惠德比岛海军航空站。此后，经常性的临时调动成了家常便饭，从阿拉斯加到佛罗里达，在各种极端环境条件下测试空射武器的性能。为了与整个海军武器系统

■AIM-9L和AIM-7在发射架上。（U.S. DoD）

第三章 F-14"雄猫"中队史

■VX-9的F-14A。

■VX-9的F-14B。

的更新步调保持一致，VX-5随后的任务中也逐渐开始包括独立作战测试、试验所有海军航空兵及海军陆战队用于地面攻击用途的空射空投武器、各种新武器系统的初始战术发展和对作战飞机进行电子对抗设备的改进等。

1993年6月，美国海军作战部长下令将VX-4和VX-5进行合并，这样唯一的作战测试和评估中队VX-9诞生了（巧合？4+5=9！），常驻地是加州的木古角，配置F-14战机。这是冷战结束以后，海军作战力量"减肥"行动中的一部分。在VX-9的全盛时期，拥有67名飞行军官、350名机工长和28架战机，其中包括F-14"雄猫"战斗机（4架A型、3架B型和4架D型）、F/A-18E/F"超级大黄蜂"战斗机、F/A-18"大黄蜂"战斗机、EA-6B"徘徊者"电子战飞机、AV-8B"鹞"式战斗机和AH-1"眼镜蛇"直升机等。

一般来说，VX-9的飞行员都可以操纵上述机群里不止一种型号，既增强了他们自身的能力，又可以应对各个飞行项目里更广泛的应用。VX-9的主要任务已经变为测试攻击机、战斗机和电子战飞孔，以及其他武

247

| 凌云壮志 | F-14"雄猫"战机传奇 |

■VX-9的F-14D。

■从"游骑兵"号航母起飞后一名RIO检查座机机翼。(U.S. DoD)

器系统并帮助部队进行装备,并在装备前研究使用该武器的战术。随着F-14的全部除役,VX-9里也失去了"雄猫"的踪影。

附录一：格鲁曼的"猫群"
——格鲁曼航空工业公司简介

格鲁曼公司最初的创始人有五个，他们分别是李洛易·格鲁曼、杰克·斯沃布尔、克林·陶尔、比尔·习温德勒和埃德·普尔。其中李洛易·格鲁曼生于1895年1月4日，1916年获得康奈尔大学的工程学学位。之后他进入美国海军预备队中服役，并在佛罗里达州的彭萨科拉城接受了进阶飞行训练取得飞行教官资格。格鲁曼是美国早期海军航空时代的第1216位海军飞行员，这为日后他与美国海军的合作奠定了良好的基础。

后来，美国海军选派表现优异的格鲁曼去麻省理工学院学习当时还是全新学科的航空工程。1919年，完成在麻省的学业后，格鲁曼又被派往洛宁飞行器工程公司监督海军订购的50架单翼飞机的制造。同样由于自己的优秀表现，1920年洛宁公司决定让格鲁曼担任该公司的总经理。1929年洛宁飞行器工程公司被契石飞行器公司收购并搬至宾州，格鲁曼和杰克·斯沃布尔以及一些属下决定退出并成立自己的公司。

■格鲁曼公司的开创者铜像，从左至右依次为李洛易·格鲁曼、杰克·斯沃布尔、比尔·习温德勒和克林·陶尔。

凌云壮志　　F-14"雄猫"战机传奇

■格鲁曼公司的创始人李洛易·格鲁曼。

■"格鲁曼工厂"纪念章。

由于格鲁曼和斯沃布尔都是纽约长岛人，他们决定把新公司的地址就定在长岛。1930年1月2日，在长岛上的一个叫鲍德温的地方，格鲁曼航空工程公司（Grumman Aeronautical Engineering Company）在一间被弃置的厂房里正式成立。

格鲁曼公司最初的主要业务是维修损坏的"洛宁"水陆两用飞机，以及制造卡车车身。格鲁曼公司设计生产的第一个产品，是当时美国海军配置在战舰上的水上侦察机所用的浮舟，而那些飞机都是沃特公司的。格鲁曼和斯沃布尔对自己的产品充满信心，为了证明其质量，他们轮流坐上这些飞机进行试飞。不久，格鲁曼公司设计了自己的第一架飞机FF-1，它是为美国海军生产的双翼双座机，也是海军第一架具有可收放起落架和全密封式座舱的飞机。

就这样，格鲁曼公司开始逐渐发展壮大起来，1932年时迁往长岛上的Valley Stream。但是，他们很快发觉地方还是不够用，于是一年后又再搬到长岛上的Farmingdale。随着生产量的日益增加，最后在1936年迁到Bethpage。由于格鲁曼公司产品的高可靠性，人们经常把格鲁曼公司生产的飞机称为"格鲁曼工厂"（Grumman Ironworks）。

1940年，格鲁曼公司设计的F4F"野猫"战斗机首飞成功，随后获得了大批订单。这种短粗的小飞机是美国海军在战争头一年的主要战斗机，它随同航母编队转战珊瑚海、中途岛、所罗门群岛等等战场，立下了汗马功劳。尽管F4F不是"零"式战斗机的对手，但生存能力还是较强的。由于它坚固的结构和质量，使飞行员在危机中往往能

附录一 格鲁曼的"猫群"

■F4F"野猫"战斗机。(Northrop Grumman)

安然逃脱。当1943年被F6F取代时,F4F继续被轻型航空母舰使用直到战争结束。

在太平洋战争前夕,为获得一种能与日本"零"式飞机匹敌的舰载战斗机,并能弥补刚刚投产的F4U在低空领域的一些缺陷,格鲁曼公司受命为美国海军研制F4F的后继型号F6F"地狱猫"战斗机。F6F是在充分听取使用者意见之后,在F4F的基础上进行全面再设计的产物,因此尽管两者外观存在不少近似之处,但F6F的机体扩大了60%,装甲与火力得到加强,发动机功率倍增,成为当时一种大功率大型单座单发舰载战斗机。

1943年8月31日,F6F-3初次参战,很快显示出它在速度、火力、生存性诸方面的优势,第一次成为"零"式飞机的克星,性能全面超越美国海军当时在役的F4F和F4U战斗机。F6F虽略嫌钝重,但坚固、耐用、故障少,日本飞行员称它为"格鲁曼宿敌"。F6F是二战中美国海军最佳战斗机,它在二战期间击落的敌机数量占到了整个美国海军和海军陆战队击落敌机总数量的55%。

1944年,格鲁曼公司研制的F7F"虎猫"战斗机是美国海军快速双发重型战斗机,它拥有一个苗条的机身和两台大功率航空发动机。由于服役时间接近二战末期,F7F的生产数量不多,而且发挥的作用也不大。F7F是美国海军的第一种双发战斗机,但是最初型号由于重量和速度限制不能在航空母舰上服役,只能作为美国海军陆战队的支援飞机。后续经过改进的型号F7F-4N(夜间战斗型),才能在美国海军的航空母舰上起降。F7F的夜间战斗型号,一直在美国海军陆战队中服役到1952年。

凌云壮志　F-14"雄猫"战机传奇

■F6F"地狱猫"战斗机。（Northrop Grumman）

■F7F"虎猫"战斗机。（Northrop Grumman）

附录一 格鲁曼的"猫群"

■格鲁曼公司纪念章,下面文字为格鲁曼卡尔沃顿试飞中心。

F8F"熊猫"战斗机是格鲁曼公司专为美军小型航母设计的,1943年7月开始机身设计,美国海军将其技术指标定为全面超越日本"零"式战斗机。仅用了一年多一点的时间,F8F首架原型机就于1944年8月首飞。随即F8F开始量产,到战争结束时美军部分飞行中队已经装备了这种全新的战斗机。F8F最大速度达680公里/小时,航程1800公里,升限12000米,配备4门20毫米机炮,对付"零"式战斗机已经是绰绰有余了。

二战爆发之前的1939年,格鲁曼公司还只是一家仅有一个门卫的小公司。到了1943年,格鲁曼公司的员工达到了25500人。1945年3月格鲁曼公司的月产量达到了664架,创造了至今没能被打破的纪录。由于战时美国海军对作战飞机的需求量很大,格鲁曼公司甚至要把部分工程转包给其他公司才能完成军方的订单任务。1943年,由于具有很高的战时生产效率,格鲁曼公司第一个获得了由美国海军颁发的"效率旗"奖章。

■F8F"熊猫"战斗机。(Northrop Grumman)

凌云壮志 F-14"雄猫"战机传奇

■F9F"美洲豹"战斗机。(Northrop Grumman)

1948年,由于格鲁曼公司在战争期间的出色表现,李洛易·格鲁曼被授予"总统荣誉奖章"。

二战结束后不久,格鲁曼公司也进入了喷气机时代,1947年11月格鲁曼公司的F9F"黑豹"战斗机首飞成功,并于1949年5月开始服役。F9F是第一种被美国海军及海军陆战队大量装备的喷气战斗机,也是美国海军第一种击落敌机的喷气战斗机、第一种击落敌喷气战斗机的美国海军战斗机、"蓝天使"飞行表演队装备的第一种喷气式飞机。在随后的朝鲜战争中,F9F得到了广泛的使用。

同其他军用飞机制造商一样,格鲁曼公司战后经历了一段萧条。但是格鲁曼成功地带领公司转型,找到了新的民用飞机市场。由于其成功的管理,格鲁曼公司仅仅裁掉了5000名员工,并且保留了很多退伍老兵的工作。这一阶段格鲁曼公司的著名产品有Agcat农用机和"湾流"商用机,并在"阿波罗"计划中承担了制造登月舱的重任。

1970年,格鲁曼公司历史上最著名的战斗机F-14"雄猫"首飞成功,它是该公司几十年航空设计、制造技术的集大成者。虽然F-14是很成功的,但格鲁曼公司的业绩却开始走下坡路。1982年李洛易·格鲁曼在家中去世,享年87岁。1994年,格鲁曼公司与诺斯洛普公司合并,重组为诺斯洛普-格鲁曼公司,而格鲁曼的"最后一只大猫"F-14也在12年后和人们告别,从此"格鲁曼铁匠"销声匿迹。

附录二：与F-14相关的机构

海军攻击与航空战术中心(NSAWC)

NSAWC即前海军战斗机武器学校(NFWS，俗称TOPGUN)。关于NSAWC的详细介绍请参见本书附录五。

美国太空总署(NASA)

曾经有两架F-14参与了美国太空总署（NASA，National Aeronautics and Space Administration）的两项主要研究计划，它们由NASA的试飞员驾驶，后期格鲁曼公司以及美国国家科学院（NAS，National Academy of Sciences）的试飞员都有参与。NASA 991号机，也就是"雄猫"的第12架

■NASA的标志。

原型机的F-14"1X"，于1979年至1985年期间，在代顿飞行研究中心进行了多种试验，主要有大攻角螺旋控制及改出测试。为此，NASA 991号机曾安装了以电池为能源的辅助动力系统、机头的飞行测试杆，以及由前置液压短翼和应急螺旋斜道组成的特殊螺旋改出系统。

NASA 991号机经过212次测试飞行后，在大攻角下飞行质量的提高、螺旋状态的改出和防范方面取得了相当可观的收获，而取得这些进展主要是因为在"防止飞机偏航/侧滑"方面有了实质性的改进。F-14的尾翼控制面称为"（防止）滚动尾翼"，该机主翼上没有副翼来控制滚转，在低速飞行时由主翼上的扰流板来实现，而高速时则依靠水平尾翼的差动进行侧翻滚转。这样的设计会产生侧力或偏航，导致进入螺旋。使用大型的垂直尾翼可以在弹射起飞时，提供更好的稳定性。利用在研究螺旋中的试飞成果，美国海军制定了第一个结合空战格斗机动的试飞程序。

随后参与了"可变翼飞行测试"研究计划的是NASA 834号机，从1986年至1987年

凌云壮志 F-14"雄猫"战机传奇

■NASA的F-14A 991。

■NASA的F-14A 834。

间由美国海军提供给NASA联合使用。"可变翼飞行测试"主要是为了探索在超音速飞行时,可变后掠翼上的层流运动规律。可变翼系统超音速飞行的变化资料,可以用来对自然层流的潜力或未来各种尺寸、各种速度运输机的层流控制进行准确的评估。NASA利用F-14进行这项测试是为了建立一种边缘变化数据库,以方便层流翼型的设计。而选中F-14作为"可变翼飞行测试"的平台,主要是看中了它本身的变翼能力,和高马赫数、高雷诺数[①]的飞行能力,以及良好的机翼压力分布载荷性能。

NASA 834号机可变翼系统的外段加装了自然层流套,不但可使机翼表面光滑,还可以使机翼的压力分布范围加大,容易判断不同飞行状态以及各种后掠角度下的临界点。

海军航空战术中心(NAWC)

NAWC WD武器分部:海军武器测试中队(NWTS, Naval Weapons Test Squadron)

NAWC AD航空分部:海军攻击机测试中队(NSATS, Naval Strike Aircraft Test Squadron)

代号:Salty Dog

海军航空战术中心(NAWC, Naval

■NAWC的标志。注意中间一排小字Weapons Division是写在导弹下方,代表的是NAWC的武器分部;当文字换成Aircraft Division则往左移到飞机下方,代表的是NAWC的航空分部。

■NWTS的标志。

Air Warfare Center),包含了四个机构:海军武器评估设施(NWEF, Naval Weapons Evaluation Facility)、海军武器导弹测试站(NOMTS, Naval Ordnance Missile Test Station)、太平洋导弹测试中心(PMTC, Pacific Missile Test Center)以及海军武器中心(NWC, Naval Weapons Center)。NAWC的工作,主要是为美国海军提供全范围的研究、发展、测试、评估工程支援。另

---

①流体流动时的惯性力F_a和粘性力(内摩擦力)F_m之比称为雷诺数,它是表征流体流动特性的一个重要参数。雷诺数小,意味着流体流动时各质点间的粘性力占主要地位,流体各质点平行于管路内壁有规则地流动,呈层流流动状态。雷诺数大,意味着惯性力占主要地位,流体呈紊流流动状态。

凌云壮志　F-14 "雄猫" 战机传奇

■NAWC的F-14A。

■PMTC的F-14A。

外也是一个舰队支援中心，用来测试海军航空器、导弹系统、航空战术的武器系统、反潜战感应器等等。

1945年3月，美国海军部长詹姆斯·佛瑞斯塔提出在加州木古角海军航空站设立一个海军基地，专门测试导弹。在总统批准之前，海军已经把导弹测试人员、系统等等，运到加州莫哈韦海军航空站，在那里成立了无人靶机中队。1946年5月，杜鲁门总统批准在木古角设立海军航空导弹测试中心（NAMTC，Naval Air Missile Test Center），并在同年10月开始正式运作，莫哈韦随之被弃置。

1959年1月7日，海军航空导弹测试中心

附录二：与F-14相关的机构

■装备DFCS（Digital Flight Control System）系统的F-14。

更名为海军导弹中心（NMC，Naval Missile Center）。20世纪60年代，NMC继续进行导弹研究及测试。1970年，中心人员参与了F-14战斗机AWG-9雷达系统和AIM-54导弹的研究工作。在1973年海军正式验收F-14前，F-14一直在NMC（后来在太平洋导弹测试中心PMTC）进行测试改进。

NAWC的武器生存实验室（WSL，Weapons Survivability Laboratory），回收了一些除役的F-14机体，其中部分被用作靶机，用来测试现役战机对炮火的抵御程度，然后研究损毁情况，来推断飞机中弹后能否完成任务并返航。其他F-14将会作为"器官捐赠者"，支援其他当时还在役的F-14。

海军航空测试中心(NATC)

NATC（Naval Air Test Center）位于马里兰州帕塔克森特河畔，后与NAWC合并。

■NATC的标志。

附录三：F-14涂装欣赏

从1970年到20世纪80年代早期，F-14上表面涂的是浅伪装灰（FS16440），下表面和所有的机翼控制面都是白色（FS17875）。在那个年代美国海军使用"高可视度涂装"，中队标志和国籍标志（国标红FS11136和国标白FS15044）非常耀眼。风挡前的防眩目涂层是黑色（FS37038），进气道上方的防滑走道用深伪装灰（FS36231），一些飞机的雷达罩和防雨防腐屏蔽使用棕褐色（FS33613）。裸露在外的金属部分则不作任何涂装，保持原色，包括主翼、平尾、腹鳍的前缘、进气口下部的边缘、机炮口前方的防爆屏蔽板、发动机区域及尾喷口。

"雄猫"战机进行大修的唯一地点，是弗吉尼亚州的诺福克海军航空站。每次大修过程中，飞机都要进行重新涂装。表面加工和涂层的信息都写在一个小小的"雄猫"徽章里，通常画在右垂直尾翼的外侧。而当这架F-14从机库返回舰队的时候，这个小徽章就会被抹去，涂上各个中队的特色涂装。

F-14原型机和NASA调用的"雄猫"在白色表面都涂上灰色，而且在主翼和尾翼的一些控制面上使用了鲜艳的橘红色。此外，伊朗的80架（实际交付79架）"雄猫"使用绿色/浅棕色/深棕色的块状迷彩。

不过从那以后，海军飞机的颜色开始黯淡起来，白色表面都被弱化，中队标志也变得灰暗和低调，就是所谓的中视涂装。在80年代中期，F-14全身都被涂上了浅伪装灰（FS16440）。国籍标志则混用了高可视度方案和深伪装灰的低可视度涂装。外露金属区域与早期"雄猫"颜色一致。

从80年代末起（至今），海军都在使用"低可视度涂装"方案。国籍标志在暗灰色的机身上几乎很难看清。同样，从前鲜明的红色、黄色紧急救援箭头和警告区域标志都用深灰色表示。

但是几年以后，那些灰蒙蒙的F-14就重新开始涂上亮眼的国籍标志，而现在有部分中队的F-14更是混用了低可视度机身颜色和高可视度中队标记。

内部涂色：第一级风扇前的进气道内壁都是白色，在这之前的前段区域（从进气口上唇到下唇之间的水平区段）采用与进气道下表面相同的颜色。起落架舱和舱盖内侧都是白色，舱盖边沿是红色。座舱内侧除了控制面板外主要是灰色。进气道引流板内侧是白色。

70年代末期，小部分F-14如VX-4：159827/41、159829/43、159830/44、159831/45、VF-1：158979/NK100；VF-2：158985/NK200；VF-101：161135/AD102；VF-124：159827/NJ410；PMTC：201等等，暂时涂成一种称为"Keith Ferris"的伪装迷彩。这种伪装色系采用了三种灰色组成的块状迷彩（哑光灰FS36118、深伪装灰FS36231和浅伪装灰FS36440）。

当进行某些演习的时候，部分中队把他们的F-14涂上深绿和棕色的水溶性涂料（至少有VF-11、VF-74、VF-124、VF-211、VF-213）来模仿敌机。VF-74解散前不久，他们的几架F-14B型涂上了特别的双灰色方案作为假想敌机参与模拟训练。

现在，海军飞行武器学校使用的F-14有着更特殊的涂装——采用俄罗斯SU-27/SU-35或者伊朗F-14相同的颜色，作为假想敌来培训海军飞行员的空中格斗。

各个中队在垂尾上的标志随时间变迁而变化，尤其是当转换航空联队的时候。

■70年代末期，VF-41的高视涂装。

■F-14原型机。

凌云壮志 | F-14"雄猫"战机传奇

■VF-32早期高视涂装。

■伊朗空军F-14迷彩涂装。

■VF-142的高视涂装。

附录三：F-14涂装欣赏

■VF-142的中视涂装。

■VF-31的低视涂装。

■VF-41在低视涂装上涂上彩色的标记。

■VF-1的Keith Ferris涂装。

凌云壮志　F-14"雄猫"战机传奇

■VF-124的Keith Ferris涂装。

■VF-213的假想敌机涂装。

■TOPGUN学校涂上SU-27涂装的F-14A。

■TOPGUN学校涂上SU-35涂装的F-14A。

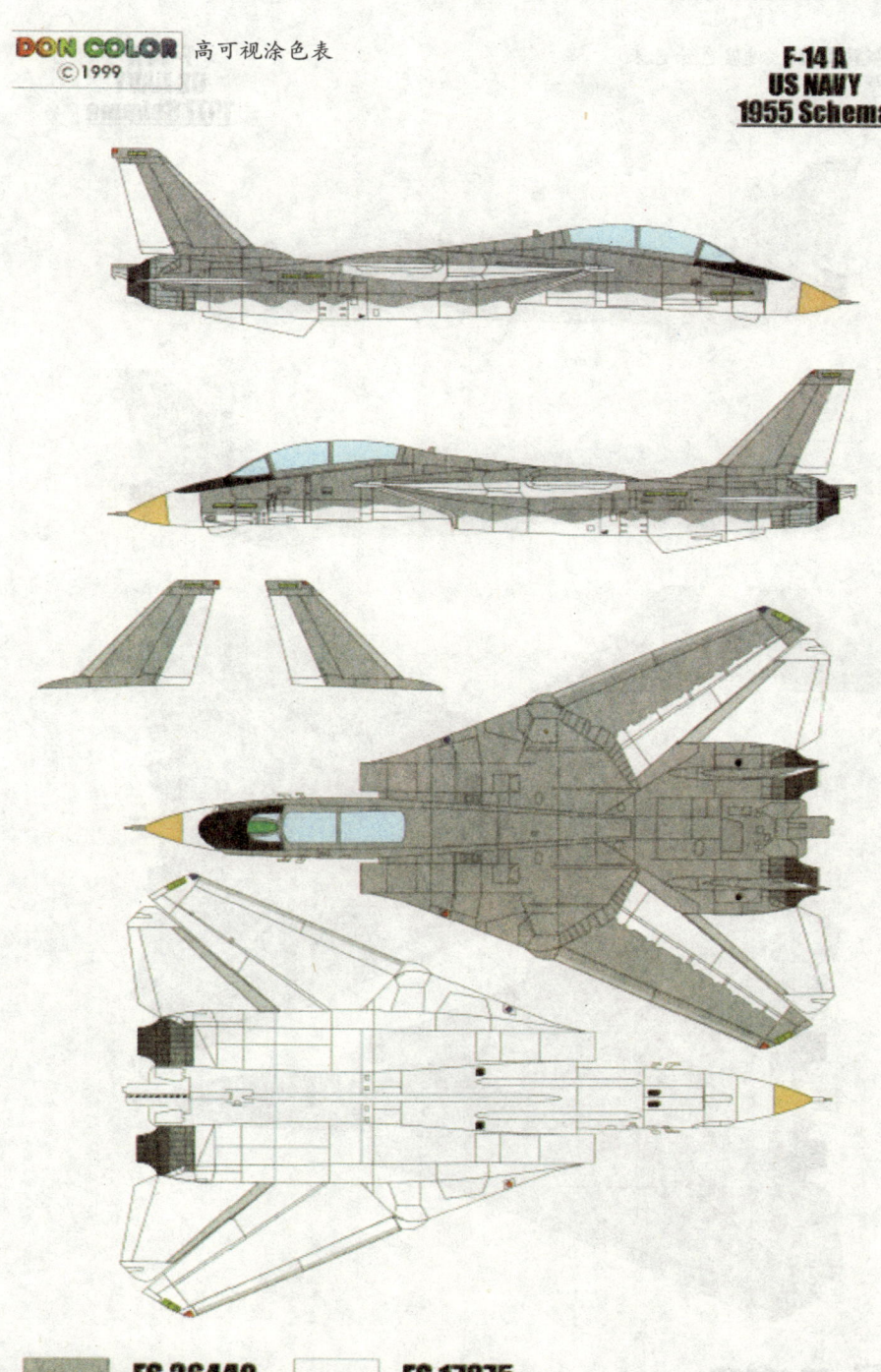

凌云壮志

F-14 "雄猫" 战机传奇

过渡色涂色表

F-14 A
US NAVY
1977 Schema

FS 16440

附录三：F-14涂装欣赏

F-14 A
Tactical Paint Scheme
"SARATOGA" Aug. 1984

DON COLOR ©1999 低可视涂色表

FS 35237　　FS 36320　　FS 36375

267

凌云壮志　F-14"雄猫"战机传奇

Keith Ferris伪装迷彩涂色表

F-14 A Ferris Scheme

FS 36118　　FS 36231　　FS 36440

附录四：F-14诙谐布章赏

美国人天性放荡不羁，喜欢拿任何事物逗乐，有时候你也不得不佩服他们在这方面所体现出来的天赋。即使是处在战争中，美国人的幽默也时时可见。譬如在伊拉克战争中，美国大兵会把类似"萨达姆，舔我的屁股……"的话写在炸弹上，然后投到敌人的脑袋上。

布章作为美国战争文化的重要组成部分，自然也要体现出美国人特有的幽默。以下展示的就是与F-14"雄猫"战斗机有关的有趣布章，相信看过之后你一定会捧腹大笑。

首先我们看到的是VF-31"雄猫人"中队的布章（如图1）。这是在1994年美国海军"卡尔文森"号航空母舰在西太平洋进行军事演习的纪念章。VF-31中队的吉祥物"菲力猫"（Felix the Cat）戴上阿拉伯人的头巾，穿着凉鞋，走在沙漠中。平日里应该拿着炸弹的手现在却拿着根香蕉，很多人都把这个布章叫做"香蕉猫"，听说这香蕉是拿去给萨达姆吃的……

在航空母舰上着舰是考验海军飞行员技术的最高难度动作，而在夜间着舰,更是难上加难，对技术和心理都是大考验。图2所示是F-14飞行员100次着舰布章，看看Tomcat手里拿着的正是勾住飞机拦阻绳的尾勾，一副大大咧咧手到擒来的轻松样子。

图3是夜间着舰100次纪念章，Tomcat两眼都满布血丝了，可见夜间着舰是多么的困难！而图4则是着舰500次的纪念章，呵呵，能得这个纪念章的人一定是位顶级海军飞行员了。

美国人天性自大，即使在军队里，大家也不会放过任何揶揄自己同僚的机会（如图5），看看Tomcat的表情，手里正拿着一只大

1

2

3

4

凌云壮志　F-14"雄猫"战机传奇

黄蜂呢！这个布章的意思就是说F/A-18战斗机比不上F-14啊！由于现在F/A-18逐步取代了F-14在航空母舰上的位置，所以F-14中队的飞行员就拿F/A-18寻开心！

图6则是VF-201用F-14替换F-4时的布章，前面的小鬼怪代表F-4"鬼怪Ⅱ"战斗机。Tomcat鬼鬼祟祟地走到小鬼怪的后面，狠狠地给了他一脚……真可怜！只不过Tomcat万万没有想到，若干年后自己也会有这样的下场，竟然要被大黄蜂所取代。

Tomcat常常得罪人家，这次终于要被别人打屁股了！图7、图8的布章就是"大黄蜂"F/A-18的报复，呵呵，Tomcat被绑了起来，终于尝到了被人欺负的味道啦！正所谓"祸不单行，福无双至"，如图9所示这只灰狗又在欺负Tomcat啦！灰狗代表的C-2A是格鲁曼公司生产的一种舰载运输机，是E-2"鹰眼"预警机的兄弟，算起来也是"雄猫"的远亲啊！看来它也对Tomcat有很大的意见？

相比普通的A型Tomcat，大家看到的Super Tomcat（B、D型）要健硕不少，同时还有超人披肩呢（如图10）！毕竟是装备了更加强劲的F110发动机，驾驭起来更随心所欲了。想想看，口里念着"I'm superman"的Tomcat是多么的搞笑！

图11是美国海军战斗机武器学校"UNITED STATES NAVY FIGHTER WEAPONS SCHOOL"（即我们熟知的TOPGUN）的布章，一架米格机已经被锁定了，"你逃不掉了，哈哈"，我们仿佛又看到了Tomcat的嘲笑。再看看图12的布章，F-14竟然没有锁定住MiG-21，让它给跑掉了！上面写着"HAVE NOT BEEN TO UNITED STATES NAVY FIGHTER WEAPONS SCHOOL"，意思是"没有到TOPGUN进修过就是这种水平"。

"你还想要么……宝贝？"（YOU WANT MORE…BABY）Tomcat被F-15打晕了，还成了残疾，要用拐杖走路（如图

13)。大家不要误会,以为F-14比不上F-15,其实这个布章是指当年日本航空自卫队挑选空优战斗机时,最终选择了F-15战斗机,而F-14则被无情地淘汰啦!美国人的直率从这个布章中表露无遗。不过在美军内部进行的22次模拟空战中,F-14在F-15身上曾取得过20胜1和1负的成绩!

"谁说飞行员一定比导航员优秀!"图14是VF-154导航员的布章。(原来是当不成飞行员的导航员在发泄呀,哈哈)"闭嘴!开你的飞机吧!"(SHUT UP AND DRIVE)导航员愤怒地对飞行员如是说。

图15中Camel是美国一个很著名的香烟品牌,于是飞行员就用了这一句口号:"SMOKE A CAMEL!"Smoke也有"熏"的意思,飞行员用笨笨的骆驼代表(沙漠国家的)敌机!看看那些骆驼也真够惨的。

图16是VF-41于1981年打下两架利比亚SU-22战斗机的纪念章;而图17则是VF-32和VF-41两个中队共享的布章:"有些共同之处……宝贝"(SOMETHING IN COMMON…BABY),意思是说大家都曾打下过两架利比亚战机(在1989年VF-32曾击落两架利比亚MiG-23战斗机)。

打仗时当然要给敌人一个下马威!"我抽骆驼牌……宝贝!"(I SMOKE CAMEL'S…BABY!)和"祈祷吧,宝贝!"(PRAY,BABY!)这两句话真是够刻薄的(如图18、图19)。可惜F-14在海湾战争中,唯一的战绩只是击落一架Mi-8直升机。

图20、图21都是Tomcat在扮萨达姆,布章中的英文意思是"随时奉陪,侯赛因"(ANYTIME…HUSSEIN)和"随时奉陪,萨达姆"(ANYTIME…SADDAM)。这两枚都是海湾战争的纪念章。

看看图22,我们就知道美国人真的很讨厌本·拉登……"美国的态度"(AMERICAN ATTITUDE),这个布章是F-14飞行员参加"持久自由"行动时佩带的,既提高了士气,也表明面对恐怖分子一样无所畏惧。

凌云壮志　F-14"雄猫"战机传奇

附录五：戏里戏外话"雄猫"

地球版的星球大战

1986年5月16日，一部名为《壮志凌云》（TOP GUN）的电影在全美各大影院上映，虽然上映之初就有影评人士把这部影片讥讽为"美国海军有史以来最昂贵的征兵广告宣传片"，认为这是在拿纳税人的钱开玩笑，但这些言论却丝毫不能阻挡《壮志凌云》随后在票房上取得的巨大成功，有人甚至称该片为"地球版的星球大战"。美国海军也凭借着此片，迎来了自二战结束以来历史上最高的入伍率，大批的美国有志青年在《壮志凌云》的感召下加入了美国海军的行列。

平心而论，美国派拉蒙电影公司的这部《壮志凌云》情节很简单也很牵强，几乎可以用"苍白"来形容。但该片的导演汤尼·史考特用意很明显，《壮志凌云》不是靠情节来取胜，而是靠里面大量的先进战斗机、飞行特技和俊男靓女之间的爱情（呵呵，这里的爱情要比珍珠港里的自然一些，至少不会搞三角恋、一夜情之类的噱头）来赢得观众，所以这也注定了该片的真实性必然要打折扣。片中长达一个多小时的飞行场面，让我们这些"飞行迷"大呼过瘾。那些银光闪闪的战斗机相互追逐，时而从头顶呼啸而过，时而平稳地在万米高空畅游，伴以高耸的山峰和壮美的晨曦、落日余晖，各种

■ 电影《壮志凌云》的宣传海报。

优美的自然风光,令人如醉如痴。还有巨大的航空母舰在广阔无垠的海面上航行,飞行甲板上不停做着各种很酷手势的地勤人员,F-14战斗机尾喷口喷出的灼热火焰,都让人有着身临其境的感觉。此外,本片的音乐也是非常出色,由柏林乐团演唱的"Take My Breath Away"更是获得了第59届奥斯卡最佳原创音乐奖,成为了流传至今的情歌经典。从演员阵容上来看,也是星光闪闪,许多日后大红大紫的好莱坞明星参与了演出。从某个角度来说,《壮志凌云》堪称世界电影史上很成功的空战电影。

该影片另外一个大获成功的原因就是其主角——汤姆·克鲁斯的出色表现,他既不是飞行员(年轻时曾经想成为一名摔跤运动员),和F-14"雄猫"战斗机也没任何关系,但他却凭借着《壮志凌云》而迅速走红,一步一步成为银幕上的超级偶像,直到今天还闪耀着耀眼的光芒。由于汤姆·克鲁斯在影片中形象正气、造型英伟、对海军事业的锲而不舍,《壮志凌云》也成为美国海军招募飞行员的最佳广告,F-14"雄猫"战斗机从此也名扬天下,而我们中的许多人也是从这部影片开始成为线条优美的"雄猫"战斗机的忠实拥护者。所以汤姆·克鲁斯堪称F-14"雄猫"战斗机的第一代言人,至今为军机迷津津乐道。

由于该片是作为征兵宣传片拍摄而获得军方的大力协助,美国海军提供了VF-1"狼群"中队、VF-51"猎鹰"中队、VF-111"落日者"中队、VF-114"土豚"中队、VF-213"黑狮子"中队五个中队的现役F-14战斗机与8名现役飞行员参加了影片的拍摄;另外作为F-14对手的A-4攻击机与F-5战斗机(片中的MiG-28)则来自南加州米拉玛航空站的TOPGUN学校,而其飞行员则是该校货真价实的飞行教官。"游骑兵"号、"企业"号、"卡尔文森"号航空母舰也在片中露了面,由此可见该片在硬件上的阵容是多么的强大。

为了获得震撼性的空战场景,《壮志凌云》摄制组总共使用了六台摄影机

■ 汤姆·克鲁斯在影片中扮演F-14飞行员Maverick。

凌云壮志　F-14"雄猫"战机传奇

■ 充当"米格机"的F-5"虎"式战斗机。

和一架"李尔"喷气商务机跟随海军机群拍摄。当时F-14战斗机每小时的飞行成本十分高昂，仅航空油料一项就达7000美元，但在军方的大力支持下这一切都不成问题。

在拍摄此片的过程中，除了巨额的经费支出外，还损失了一架F-14战斗机与一名飞行员。1985年9月16日，特技飞行员阿特·斯科尔在拍摄F-14进入水平螺旋时没有能够及时改出而造成了机毁人亡的重大事故（有人推测斯科尔的事故与装置在他飞机上的摄影机有关，是摄影机破坏了飞机的平衡，而造成他无法从螺旋中改出）。这样在后来重拍的镜头中（Goose之死那一幕）就只能用模型来代替了，这下变成是假戏真做。另外提一下，原来剧本安排Goose死于着舰事故，但在美国海军的坚持下改成了训练事故，也许这样才能显出"呆头鹅"这些王牌飞行员的光辉形象吧。

经典中的错误

虽然《壮志凌云》这部影片受到了极大的欢迎，但也不能说它是完美的。就像所有的警匪片一样，真正的警察看的时候是会发现许多错误的。与之类似地，《壮志凌云》在一个航空迷眼中同样是错误百出的，尽管单纯作为一部娱乐性的电影它是十分经典的。

● 名称

首先我们要提到的是电影犯下的一个最基本的错误，就是把学校的名字TOPGUN

274

附录五：戏里戏外话"雄猫"

■美国海军"游骑兵"号航空母舰。

分开来写成TOP GUN，也许是导演想让该片的名字更加好记，同时也让观众容易理解吧。不过，这个TOP GUN有的被翻译成了"最高武器"，则令人喷饭。

● 画面切换

《壮志凌云》中出现最多的错误就是画面的切换错误，由于电影的剪接师不是航空爱好者，所以这种错误在所难免。比如在影片开始的时候，航空母舰上一些舰载飞机正在起飞和降落。我们可以清楚地看到，一架编号为114的飞机（这是Maverick和Goose的座机）刚刚降落到了甲板上。但是两分钟后，Maverick和Goose又巡逻到了距离航母250英里的地方。又如Maverick与Viper在TOP GUN里进行的一次空中缠斗练习时，Viper教官驾驶的A-4一开始在Maverick驾驶的F-14的后面，但在随后的一个镜头里，A-4飞到了F-14的前面，尽管此时它应该出现在F-14的后面。当Maverick的新搭档Sundown出现时，我们可以看到他头盔上的呼号。但当他们降落到地面上，新搭档和Maverick说话的时候，我们发现他头盔上的文字已经消失了。

在最后一幕中，Iceman首先进入了一架F-14的座舱，当飞机进入弹射器后，它变成了一架A-6攻击机，而后Iceman驾驶的飞机又变回了F-14。整部影片里，Maverick座机的编号都是114，但在影片尾声他在甲板等候起飞的时候，座机编号却变成了104，那可是Iceman的座机呀（而且此时Iceman

凌云壮志　　F-14"雄猫"战机传奇

■美国海军"企业"号航空母舰。

正在空中与敌机周旋）。而且此时我们可以清楚地看到，Maverick飞的这架F-14的前起落架根本就没有进入弹射器或其他什么装置中，只是在那里摆了个Pose罢了。当Maverick从"企业"号起飞前往解救数百英里外的Iceman的时候，Maverick他们只用了30秒的时间就到了交战空域。虽然F-14飞的很快，但也快不到这个程度吧。Maverick完成任务降落后，他的编号又再次变回了114。在最后一次空战中，我们可以看到四架"米格机"包围了Iceman并向其不断地射击，试图击落他。过了一会后，Maverick出现在镜头中，同样的射击镜头又出现了。还是在最后一次空战中，Hollywood和Iceman与5架"米格机"进行战斗。Hollywood被击落后，Maverick起飞了。Maverick首先干掉一架"米格机"，而后Iceman也干掉一架，

还剩三架敌机。Maverick再干掉一架。最后Maverick又干掉了一架，应该还剩一架"米格机"。但影片中逃跑的却是两架"米格机"，总共加起来有六架"米格机"，莫非导演不识数？最后空战结束以后，"空战英雄"们早已经扔掉的副油箱又回到了他们的飞机上。

由于在电影拍摄过程中，美国海军只为剧组进行了一次导弹发射。也许这就是电影中为什么有如此多的导弹从空空如也的机翼挂架上发射出去的镜头的原因吧。按照电影的情节设定，Maverick和他的战友们应该是在"企业"号航母上，但电影中却多次出现了"卡尔文森"号航母的身影。

上述列举的只是电影《壮志凌云》里出现的几个有代表性的镜头剪接错误，实际出现的此类错误在影片中比比皆是。当然由于

附录五：戏里戏外话"雄猫"

■ 电影中唯一一次真实的导弹发射镜头。

这部影片受关注的程度太高，所以这么多的错误被发现也是很正常的。

● 航空常识

还有影片中出现的比较多的错误就是航空常识方面的错误，这其中的一些错误简直让我们这些航空迷们难以容忍。建议美国海军下次拍这样类似的电影时（如果有下次的话），一定要请那些对航空方面有些了解的影片拍摄和制作班底。

首先让我们看看附图的这张汤姆·克鲁斯的剧照吧，你能发现什么问题吗？阿汤哥穿的飞行服的右方贴有一个布章，这是航母舰队VAW-110预警机中队的标志，要知道他可是VF-1"狼群"中队的精英战斗机飞行员呀，什么时候改开E-2C预警机去了？

另外看影片中Iceman和Slider的打扮，应该隶属于VFA-25"舰队之拳"中队的，他们应该驾驶F/A-18"大黄蜂"战斗机，而不是F-14"雄猫"战斗机。

影片开始的时候，中队指挥官在联合作战策略训练中心（CATTC，Combined Arms and Tactical Training Center）里大口大口抽着雪茄，以此显示他正在冥思苦想。但根据美国海军的有关规定CATTC里是不允许吸烟的，因为那里有许多精密设备，一旦吸烟引起火灾后果不堪设想。而且CATTC是不能对空中战斗进行监控的（但在这部电影中这些都办到了），这些任务应该交给战斗信息监控中心来负责。

当Maverick和Goose第一次遇见米格机的时候，Goose用照相机对米格机进行拍照。我们可以看到Goose此时使用了闪光

凌云壮志　F-14"雄猫"战机传奇

■佩戴VAW-110预警机中队标志的Maverick。

■VAW-110预警机中队徽章。

■VFA-25"舰队之拳"中队徽章。

灯，要知道这样做会让闪光灯发出的灯光通过座舱玻璃反射到照相机里去，在照片里出现的就是一个巨大的白色闪光，根本就不会出现任何图像。这个错误犯的有点莫名其妙，或许是导演想增加羞辱米格机的程度吧。

最初的空战中，Maverick的F-14的机翼不停地在"展开"与"后掠"两个状态中转换，要知道机翼的这些变化是不可能在短时间内完成的。

Goose在现实中弹射是不会撞到座舱罩的。一般座舱罩被埋设在其内的塑料炸药炸掉是在极短的时间内完成的，而且抛出的速度极快。最后飞行员的弹射时间与抛罩的时间上会有几秒钟的延迟，这些足以让Goose保住性命。

最后一场战斗中，Maverick要起飞的时候，我们可以看到一个地勤人员举起了他的左手，他右手的食指和中指指向左手手掌。但很不幸的是这个手势代表：启动或者关闭飞机的电源。很显然，这名地勤人员不应该在起飞的时候做这样的手势。

F-14可以发射多种类型的导弹，但在电影中出现的始终是AIM-9"响尾蛇"短程导弹（射程约10英里）。在现实中，F-14的主要武器是AIM-54"不死鸟"长程空对空导弹，射程约150公里。F-14可以携带6枚这样的导弹，可以同时向6个不同的目标发射。当然，这样做的话电影就没什么看头了，敌人没打照面就被干下来了对于观众来说缺乏吸引力。

在TOP GUN的课程开始的时候，飞行员们被告知他们在这里碰到的飞机要比他们驾驶的F-14快得多。要知道F-14的最大速度达到了500海里每小时,这比F-5要快得多,是A-4速度的两倍。莫非TOP GUN的教官是想给刚进来的学生下马威,还是他们根本就不识数?学校里进行的大多数空战训练在电影中被描述发生在"10000英尺以下的高度",而在现实中,一般是在5000英尺的低空。

在这部电影中MiG-28的称谓经常出现,但要知道现实中苏联人的米格机编号总是使用单数的。影片中敌人驾驶的是"米格机",但它们实际上是美国的F-5"虎"式喷气战斗机,主要用于训练任务。

飞行员飞行时,我们可以发现他们每个人都没有戴手套。但根据美军的有关规定,飞行员飞行时必须佩戴"诺梅克斯"军用手套。而且电影中的飞行员永远都不会放下护目镜,这恐怕是考虑到演员的眼神可以令其所饰演的角色更加饱满吧。还有一点就是,电影中飞行员的袖子也永远都是卷起来的,莫非是为了他手腕上的那块手表做广告?

影片中每次出现飞行中的飞机座舱镜头时,我们都可以发现一个黄铜色圆环出现在座椅头枕的右侧。而这个圆环的作用是让座椅与飞机机体分离,当然地勤人员不会弱智到把这个圆环忘记到飞机上的,这样飞上天的飞行员会有生命危险。由此可见,电影中的这些飞行镜头都是在地面上由一架移动的摄影机完成的。

现实中根本就没有如电影里所说的"TOP GUN奖章",无论你是否完成或没有完成学校里的课程。这是因为TOPGUN学校不是竞争性的,它只是给精英飞行员提供短期训练而已。像女主角那样的平民气动力学博士,也几乎不曾出现。

几乎每个空中飞行的飞机座舱镜头中,我们都能看到座舱右侧下方的指示灯面板上几乎一半的灯都亮着。可能导演是想用这些亮着的灯来烘托一下气氛,但却犯下了个大

■影片中F-14和所谓的"MiG-28"——F-5战斗机正在缠斗。

错误。因为这些灯都是代表一种机上设备，如果设备出现问题，灯就会亮，这样飞行员就可以知道那个设备出现了问题。如果是一半的灯都亮了，那就是说包括发动机、液压系统、雷达等设备出现了问题。在正常飞行时，这些灯都是不应该亮的。很显然，这些镜头都是在地面上使用外部能源供应飞机的。

在最后战斗之前，中队指挥官告诫大家："米格机携带有'飞鱼'导弹，他们可以在一百海里以外发射。"但事实是，"飞鱼"导弹是法国生产的反舰导弹，绰号"飞鱼"。这个指挥官是不是多喝了几杯，还是纯粹是想吓唬这些精英飞行员？笔者揣测是不是因为"飞鱼"导弹在1982年的英阿马岛战争中出尽了风头，所以这里拿出来让观众不感觉到陌生。不过用反舰导弹打战斗机，的确是在乱弹琴。

在最后的战斗中，Maverick和Iceman被多架敌机围攻，而此时"企业"号航母上的中队指挥官却跟他们说"Willard and Simpkin off Cats 3 and 4"，意思是说将由Willard和Simpkin驾驶一架F-14前往支援。这个指挥官未免太小气了吧，要知道"企业"号上当时携带有两个中队共24架的F-14呀，而甲板上有四座弹射器。呵呵，也许是F-14太昂贵了，美国海军最多一次只能让三架同时执行任务，不然海军要破产了。

最后的战斗结束后，最后一架参战的F-14降落了，此时H-3搜救直升机也带着落水的飞行员返航了。但要知道这次空战是发生在距离航母编队大约250英里以外的地方，而H-3的最大速度是120英里/小时，它大概要用2个小时才能返回编队。当然了，这是好莱坞式的圆满大结局。

● **演员表现**

飞行员们在影片中表现对飞机的操纵方面也存在着重大的纰漏，一些使用的动作都是与实际操作相反的。例如在一次空中格斗中，一位"精英"说到"下降到右侧十点钟方向"，但我们知道十点钟方向是在左侧。这样的错误在最后一次战斗中也出现了，Maverick说"敌机在你左侧三点钟方向"，呵呵，三点钟方向应该在右侧。看来剧组请的那些海军顾问都打瞌睡去了。

每次出现Maverick驾驶飞机的细节镜头时，如启动发动机、踩刹车等，我们会发现他做的动作与实际操作中的程序都是相反的。当Maverick的F-14被Iceman的飞机发动机尾气带入水平螺旋后，我们可以看到Maverick是用手柄来纠正姿态的。但手柄运动是控制滚转的，在水平螺旋的时候使用它只会让情况变得更糟。正确的方法应该是使用反向舵。

整部影片中，飞行员发射导弹时都会按下手柄按钮，但在现实中那个按钮是控制无线电和对讲机装置的。在最后一战中，Iceman用机炮干掉了一架米格机，然后用他的拇指在飞行手柄上切换到导弹模式。锁定敌机后，我们看到他又切换了一次模式，这次应该是机炮了，但发射出去的是导弹。一次飞行中，后舱的Merlin（RIO）敲打着油量指示器对Cougar说他们必须降落了，因为他们的燃油马上就要用完了。但事实上油量指示器是在前舱的，而不是在后舱。

最后一次空战中，Hollywood被击中后弹射出舱。之后的镜头是Hollywood手动打开了副伞以展开主伞，但事实是这样的：飞行员弹射出舱，副伞打开，然后飞行员和弹射座椅分离，最后主伞是依据飞行员的高度和速度而自动展开。

还有一些错误都是导演的随性发挥造成的，根本就是明眼人一看就可以发现的。影片中有这样一个镜头，当Maverick驾驶摩托车离开Charlie后，他翻过了一座山。但要知道米拉玛航空站附近是没有山的，而且在TOPGUN里飞行员是禁止骑摩托车的。这些镜头是在美国加州圣地亚哥的一个海滩边完成的。当然电影中使用摩托车是为了让阿汤哥显得更酷（其实汤姆·克鲁斯在拍这部电影之前是不会骑摩托车的，他也是刚刚才学会骑摩托车。也许在这部电影中练好的车技在日后拍摄电影《不可能的任务2》时有了用武之地）。另外在美国的道路上骑摩托车按法律规定是必须带上头盔的，不管你是飞行员还是平民。

在最后，Maverick把Goose名牌抛入了大海。要知道这样做在美国海军里是很忌讳的，或许Goose的妻儿想永久保留Goose的名牌以作纪念？在这里，导演可能是想更好地展示Maverick与Goose之间的兄弟情吧。

最后再提个很搞笑的问题。在现实中，如果Maverick要加入美国海军，他的身高要差上1公分。呵呵，难怪和Kelly McGillis配戏时导演在镜头上要弥补他们身高上的差异，因为Tom比Kelly还要矮3公分。

尽管存在着许多的错误和不尽如人意的地方，但《壮志凌云》中英俊的飞行员、疾驰的摩托车、激烈的空战、美丽的女主角，还有动听的音乐，这部"现代神话"的感染力将长久地在我们心中回荡！

真实 TOPGUN

电影中的TOP GUN学校无时无刻不充满着激情与浪漫，但现实中的TOP GUN也是这样的吗？下面，我们将带给你一个真实的TOPGUN。

建立这所学校是谁的主意，又是谁在真正的现实世界中训练那些精英中的精英呢？这是以前人们在观看这部广受欢迎的影片时很少被提及的问题。在美国内战结束100年后，美国又卷入了另外一场内战，一场在南中国海的战争，那是越战的前奏。越南，在当时是一个对大部分美国人来说从未听说过、在地图上也找不到的地方。当美国刚开始介入这场战争的时候，大部分美军士兵认为只要几个月事情就会结束的。只是他们中

凌云壮志　　F-14"雄猫"战机传奇

没有人曾想到，这场战争会持续8年。

当时考虑到来自苏联的空中威胁，美国国防部认为需要一支全新的战机部队。他们得到的是由麦道公司研制的F-4"鬼怪II"战斗机。虽然F-4的主要任务是对抗苏军战机，但是它们却被首先投入到了越南战场上。就像电影中"Charlie"告诉Iceman、Maverick和其他TOP GUN训练班学员的那样，现实中的米格机要比海军的F-14更轻，机动性也更好。虽然美国海军很快发现由于向后的视野不佳，在空战中F-4很容易受到来自正后方的攻击，但是五角大楼仍给予了"鬼怪II"极高的期望。所以，海空军都采购了F-4。

由于F-4最初是被设计用来拦截苏联轰炸机以保卫美国的主要城市免受打击的，所以"鬼怪II"的机动性没有被给予太多的关注。人们关注更多的是其所能达到的2倍音速的能力。他的两具发动机提供了17000磅的推力，使其最高时速达到每小时1600英里，升限达到66000英尺。与影片中海军飞行员驾驶的F-14不同，F-4的飞行员在空战中对武器方面没有什么选择余地，那是因为"鬼怪II"缺少火力强大的机炮。因为美国海军认为在敌机接近到足以构成威胁以前他们就已经被导弹击落了。在中距离上，海军的F-4携带有AIM-7麻雀空对空导弹，其最大时速2600英里，最大射程30海里。在近距离上，F-4携带有热寻的的AIM-9空对空导弹，那是一种以超音速追踪敌机发动机红外信号的导弹；在电影中F-14是可以选择用机炮来进行近距离空战的。然而，即使拥有这些看似性能优良的武器，美国海军的飞行员们还是很快发现他们在空中所处的劣势地位。

在1965年6月17日，一队F-4飞行员被派遣去为执行轰炸任务的战机护航。在当时，雷达还不能进行敌我识别，所以要求飞行员必须在对目标进行目视识别后才能发射导弹。军方认为，F-4可以用导弹进行近距离空战，但是他们错了，那些飞行员发现他们的装备是如此的不实用，而且根本没有准备

■扮演假想敌人的F-14战斗机，尾翼上清楚地刻着NSAWC的字样，即海军攻击与航空战术中心的标志。

好如何在越南上空和敌人作战。由于发生了两起误击事件,国防部要求飞行员必须在开火前对目标进行目视识别。这就意味着飞行员不得不在保持对目标进行持续锁定的情况下尽可能地接近目标以识别那些是不是越南的米格机,同时又要确保至少1英里的导弹最小发射距离。而飞行员不清楚导弹在最小射程上的性能表现,以及F-4那很容易在几英里外被那些机敏的驾驶小巧的米格机的飞行员发现的拖着黑色尾气的发动机(看来飞机也要设定尾气排放标准),使这种情况更加恶化。美国飞行员接受的是在远距离和敌人作战的训练,而现在却要和敌人在近距离上拼刺刀。没有接受过传统空中格斗训练的飞行员们由于缺乏空战技巧,从而为此付出了生命的代价。有鉴于此,在1968年3月,所有在北越上空的空中作战行动被勒令停止。此后不久,军事航空史就被永远地改写了。

在1966年至1968年期间担任"珊瑚海"号航母舰长的法兰克·奥尔特海军上校就其所目睹的情况写了一份长长的报告,列举了海军航空兵所面临的问题。由于对空中作战行动的每一个方面都作了详细的研究,这份报告(后来被称为《奥尔特报告》)所作的最大贡献就是——美国海军建立了一所高级飞行员炸射班用以来训练一些精英飞行员,进一步提高他们的空战缠斗能力,以及对各种先进武器熟练使用的能力。

VF-121"领跑者"中队的前身——当时太平洋的F-4海军后备航空联队(RAG, Replacement Air Group),被下令为当时美军全体F-4中队建立高级飞行员炸射班,即是我们后来熟知的NFWS TOPGUN——海军战斗机武器学校(Navy Fighter Weapons School)。基于《奥尔特报告》所作出的贡献,从海军后备航空联队挑选出了9名飞行员,他们将提供全面的关于空战机动(ACM,Air Combat Maneuvering)的"研究生级别"的培训。他们当时没有训练大纲,没有预算,甚至没有训练用的飞机,但是他们不得不在3个月后做出决定到底飞行员应该学习些什么,以及如何更有效地训练他们。为了组建TOPGUN的第一个训练班,海军后备航空联队要求各中队的指挥官把各自中队里在训练中表现最好的飞行员送来,最初,这道命令并未引起太多的重视。1969年3月3日,TOPGUN的第一期学员参加了位于加州米拉玛海军航空站的空战课程。1971年12月,尼克松总统下令恢复对北越的空中轰炸。1972年间,美军飞行员和北越飞行员交战次数大幅增加,海军的损失交换比戏剧性地从2比1上升到了13比1,并最终达到了21比1(这是美国的统计数字,历史经验表明单方面的统计数字都是有很大水分的)!飞行员们取得的成绩超出了他们教官的预期。1972年7月7日,TOPGUN正式成为米拉玛航空站的一个任务编组单位。

1985年10月,TOPGUN调归美国海军作战部部长直接管辖。此时TOPGUN的主要

凌云壮志　F-14"雄猫"战机传奇

任务是为美国海军及海军陆战队的优秀飞行员提供提高其飞行战术的训练，课程不断更新，以期使培养出来的精英飞行员为海军舰队提供更佳的空中保护。

自从TOPGUN于1987年（即《壮志凌云》首映后的第二年）引入F-16N"战隼"后，模拟飞行训练的真实度得到了极大的提高。F-16N可以很好地模拟MiG-29和Su-27以及其他先进战斗机，由此给学员也带来了更大的挑战。

虽然，TOPGUN于1996年从它的诞生地，位于加利福尼亚州的米拉玛海军航空站迁到了位于内华达州的法隆海军航空站，TOPGUN依旧继续为飞行员提供着最棒的空战培训。同年，海军战斗机武器学校同海军攻击战术中心及航母预警机武器学校合并，命名为海军攻击与航空战术中心（NSAWC，Naval Strike & Air Warfare Center），基地设于内华达州的法隆海军航空站。这次强强联手，使美国海军精英飞行员的训练水平获得进一步的提高，同时也使美国西海岸的各种海军航空兵训练机构统一成为一个机构并听从统一的指挥，以此加强海军各部门间的合作与沟通。

TOPGUN每年训练五班飞行员，每班12位飞行员会接受为期6周的训练（每班通常由4架海军的F-14、2架海军的F-18和2架海军陆战队的F-18共八架飞机组成）。而申请成为TOPGUN学员的飞行员必须拥有在特定飞机上400飞行小时以上的经历，而且至少还要在航空母舰上服役过6个月。TOPGUN的课程内容包括如何有效地使用战斗机、战术、硬件、操控技巧，以及如何面对现实世界中的威胁。6周内的讲座和飞行总共大概需要80小时，为了使训练环境更加接近实战，上飞行课时的对手包括由学校教官驾驶的F-16N、A-4、F-14。由于TOPGUN的教官在教学过程中奉行着极高的标准，所以学院经常把他们的教官称为"魔鬼中的魔鬼"。在这里学到的东西要比在舰队上更好。它们之间没有可比性。学校里的训练更准确、更真实。在舰队里要和其他中队的飞行员进行模拟战斗，但没有人真的想扮演敌人的角色。而在这里，学员将会遇到很专业的"假想敌"，他们会让模拟空战更真实，更接近实战。大多数的TOPGUN教官都是从该学校里毕业的，而教官的挑选会更加严格，要同时考察飞行员的飞行技能和教学水平。空战能力并不是最优先考虑的方面，关键是要口齿清晰的、有头脑的，并且愿意努力工作的人来担当飞行教官的工作。

■ 美国海军战斗机武器学校（NFWS）的标志。本布章只授予NFWS毕业生。

TOPGUN会给每个飞行教官分配为期三年的工作。第一年他们必须在地面上开始工作，第二年后，才能开始正式的飞行教官工作。第一年或许是这些准教官们最艰难的一年，他们必须能很快地在一个特定的领域中成为专家，如雷达系统、武器系统和空战战术等方面。

学校的训练由一个星期的理论知识学习拉开序幕。学生会被传授雷达系统的最新信息、飞机与武器的更新情况和将要面对的危险。第二个星期，学生开始进行一对一（1v1）的空中格斗训练，他们的飞行教官则开始扮演"假想敌"，为学员提供逼真的训练环境。虽然进行的是1v1空中格斗训练，学员们还是被要求时刻记住美国空军一贯推崇的"协同作战"的宗旨。所以团体合作是TOPGUN一个很重要的课题，教官们也希望学员在返回自己的中队后，把这个讯息带给每一位年轻的飞行员。

随着课程的不断深入，空战训练的复杂性也在不断增加，1v1在第三个星期变成了2v2。2v2训练更加强调了"协同作战"的重要性。在第六个星期到来之前，学员们会组成一个4-8架飞机的大编队进行训练，其训练难度也达到了新的高度。

海军和海军陆战队的飞行员的训练时间通常会花在许多方面。这其中大部分是空对地攻击练习、空对空仪器飞行和超低空飞行训练，另外还要为安全的降落在航母上花费更多的时间训练。当主要任务是攻击作战和

■1988年，一位美国教官向海军TOPGUN学官讲授近战缠斗技术。（U.S. DoD）

凌云壮志　F-14"雄猫"战机传奇

对地作战时,花在提高自己空对空作战上面的时间就会变少。而在TOPGUN,飞行员们接受的是非常有针对性的空对空作战训练。他们至少一天飞行一次,有时是两次。然后他们就会写出飞行简报和任务汇报,详细分析飞行中的问题。

最后,6周的TOPGUN课程结束后,毕业合格的飞行员会以教员的身份返回自己原来的中队,把学到的最新的技巧传授给其他年轻飞行员。

除了正式的TOPGUN课程,美国海军飞行员每次随舰队出海执行任务之前,会为他们提供舰队空优(FAST, Fleet Air Superiority Tactics)训练以及大黄蜂舰队空优(HFAST)训练。FAST和HFAST包括一系列的讲座和模拟器飞行训练等。另外还为F-14和F-18飞行员提供了空战机动预备训练(F-14 FARP, F-18 SFARP)。TOPGUN也在法隆航空站为整个航空联队提供进阶训练,这种大型训练有多达50架飞机同时参与。

到TOPGUN参观的游客,也许不会看到像TOP GUN电影里的情形,没有泊满的电单车,也没有F-14低空飞越塔。但有一点却是肯定的,就是电影里的男主角Maverick,在TOPGUN里会明白合作和团结的重要性,由此成为更优秀的飞行员。

随着F-14在甲板上的位置被F/A-18E/F"超级大黄蜂"取代,F-14在TOPGUN的训练角色也渐入尾声。2003年9月,最后一期TOPGUN F-14训练课程的完成,标志着一个伟大时代的结束。史蒂夫·吉内迪上尉是TOPGUN最后4名"雄猫"战斗机学员中的一员,一名F-14A的雷达导航员。"自从1986年电影TOP GUN上映以来,人们一直把F-14和TOPGUN联系在一起",他说:"只有两名飞行员被挑选出来,争夺F-14的TOPGUN毕业纪念章。"飞行员约翰·布拉顿上尉补充说:"作为TOPGUN最后的F-14学员之一,我感到无比自豪。这些训练在役期是无与伦比美妙的经历。"F-14已经成为海军和TOPGUN的标志,F-14遗留下的卓越传统和经验将作为TOPGUN的财富,在美国海军航空兵部队中继续传承!

■ 美国海军飞行员炸射班于1991年起将F-14A用于Su-27的空电模拟机。(U.S. DoD)

附录六：F-14常见问题Q&A

Q：在美国格鲁曼公司设计的作战飞机中，大多都是以"猫科动物"来命名的，如：FM2（即F4F），Wildcat"野猫"；F6F，Hellcat"地狱猫"；F7F，Tigercat"虎猫"；F8F，Bearcat"熊猫"；那么F-14，Tomcat"雄猫"的名称是怎么来的呢？

A：最初F-14专案的军方负责人是海军中将托马斯·康诺利，他是F-14专案的强力支持者（另一种说法是，美国海军上将托马斯·莫尔和康诺利都是该计划的坚定支持者），深信F-14战斗机将会成为美国海军最需要的战斗机。后来康诺利手下领导的一批专案设计人员为了表达对他的支持和敬意，决定把F-14研发专案取名为"Tom's

■ "雄猫之父"——美国海军中将托马斯·康诺利。

Cat"，意思就是"托马斯·康诺利中将的猫"，后来格鲁曼索性真的把新的战机取名为"Tomcat"，既顺口又响亮。从某种意义上说，康诺利中将也可称作是"雄猫之父"了，因为他在F-14的专案上一直都给予了无微不至的关注，毕竟这是他"自己的飞机"嘛。而这个可以说是偶然的命名，也成就了一代名机F-14 Tomcat"雄猫"传奇的开端。

Q：为什么F-14飞行员发射导弹时会说"FOX"之类的话？

A：FOX是空对空导弹发射时的代号，一般美国海军战斗机飞行员发射空对空导弹时，会叫出该导弹的代号。FOX 1代表AIM-7"麻雀"导弹，FOX 2代表AIM-9"响尾蛇"导弹，FOX 3代表AIM-54"不死鸟"导弹。

Q：为什么有些F-14垂尾上面有"CAG"、"CO"之类的标记？

287

凌云壮志 F-14"雄猫"战机传奇

A：CAG是Commander of Air Group的缩写，意为"航空团长"，不过现在改称"舰载机联队长"（CAW，Commander of Air Wing）。但CAW在英语中是"乌鸦叫声"的意思，比较难听，所以习惯上联队长仍称为CAG。舰载机联队长统领整艘航母上的所有航空中队，权力上略低于航母舰长，即舰长是管船的，联队长则是管飞机的。

一般舰载机联队长驾驶的是联队中所有"X00"号的战机，如100、200号等。此外，舰载机联队长座机的垂尾上有彩虹的颜色，每种颜色则代表联队里不同的飞行中队。机型方面，可以是任何机型，随联队长而定：如果他的背景是战斗机飞行员，就会用F-14；如是攻击机飞行员，就会用A-6、A-7、FA-18等。当然，也有预警机飞行员担任联队长的。

舰载机联队下辖航空中队的中队长CO全称是Commanding Officer，其座机一般为"X01"号。如果没有CAG机，CO机也可为"X00"号。但有些编号大于100的中队，则特例使用与中队编号相同号码的战机做CO机，如VF-103战斗机中队就使用AA103号作为CO机而非AA101。

此外还有DCAG（副联队长，Deputy Commander of Air Wing）、XO（副航空中队长，也称执行官Executive Officer）等称谓。20世纪80年代初，美国海军还是沿用色彩丰富的高视涂装，美观度极高，CAG和CO的座机同中队其他飞机的涂装没有多大分别。后来，海军战机换为战术迷彩涂装

■VF-31所隶属联队的CAG机200号。

（Tactical Painting Scheme）的低视涂装，除了CAG和CO机外，所有战机均不许用彩色队徽。因而，它们就成为了美国海军漂亮涂装的唯一继承人。

Q：什么是美军的交战准则（RoE, Rule of Engagement）？

A： 根据美军交战准则的相关规定，空中作战时的警示分为三个级别：白色警示，表示此时敌机不大可能进行攻击（可以解除警报），但己方战机可以在自卫的情况下攻击，或按指挥官的口头命令进行攻击；黄色警示，表示此时敌机极有可能进行攻击，己方战机可攻击已经确认为敌机的目标；红色警示，表示此时敌机的攻击即将来临或正在进行中，己方战机可以攻击除友机之外的任何空中目标。白色警示一般在和平年代使用，而红色警示则在发生大规模空战的时候使用。

Q：F-14前后座舱在发射各种武器的时候是如何分工的？

A： 由于F-14后座领航员控制AWG-9雷达系统，所以他被赋予了操作重要武器的权力。领航员可以发射AIM-54"不死鸟"远程空对空导弹或AIM-7"麻雀"中程空对空导弹，而前座驾驶员只能使用M61机炮和AIM-9导弹进行攻击。这样的任务分工，让领航员的工作负担很大，往往会出现差错。后来，F-14D和F-15战斗机对机组成员信息交流方面进行了改进，前座驾驶员可以完全操控整个空对空导弹攻击，而不是像F-14那样需要两名机组成员来共同完成。需要注意的一点是，各种对地攻击炸弹的投放也是由前座驾驶员负责。

Q：经常看到NAS、NAAS等都是什么缩写？

A： 海军陆战队航空站Marine Corps Air Stations（MCAS）；海军航空基地Naval Air Bases（NAB）；海军航空设施Naval Air Facilities（NAF）；海军航空站Naval Air Stations（NAS）；海军辅助航空设施Naval Auxiliary Air Facilities（NAAF）；海军辅助航空站Naval Auxiliary Air Stations（NAAS）。

Q：VF-31中队的吉祥物Felix猫的名字是怎么来的？

A： Felix猫来自美国迪士尼公司1925年出品的动画片《菲力猫》（Felix The Cat），它是一只可爱的小黑猫，手里拿着点燃了的炸弹。当Felix猫遇到困难的时候，它总会拿出自己的百宝袋变出各种各样的小东西。菲力猫诞生已经有八十多年的历史了，一直都是美国人最喜欢的卡通形象之

凌云壮志　F-14"雄猫"战机传奇

■动画片《菲力猫》（Felix The Cat）。

■F-14"雄猫"战斗机的吉祥物标志Tomcat。

一，其地位不低于加菲猫。但由于加菲猫太懒，《猫和老鼠》里面的猫又太窝囊，因而形象健康的菲力猫被选作了VF-31的吉祥物。

Q：F-14"雄猫"标志是怎么设计出来的？

A：F-14"雄猫"标志诞生于20世纪70年代初，当时应一位"蓝天使"飞行表演队资深队员的要求，格鲁曼公司的吉姆·罗德里格斯开始设计这个标志。设计要求是带拳击手套、穿运动短裤并且在左边配六轮手枪的猫，还要有两条尾巴。接到任务后，罗德里格斯于是带上相机出门找猫来拍照寻找灵感。在当地海岸动物收留所的停车场周围，他发现了一只完美的年轻鲭鱼斑猫。不久，罗德里格斯就和它混熟了，他从不同角度给这只漂亮的猫拍了不少照片。很快，罗德里格斯就拿出了设计草稿，其中包括了几个不同的猫的形象，有在航母上着陆的，（骑在桅杆上）藏在云里等着扑向一架米格机的，在钢丝上显示猫的灵活性的和展示猫的肌肉的。后来，罗德里格斯的一位同事在一本一美元的卡通书上发现了一只小狮子，其形象特别可爱，大家决定使用它代替原来的方案。于是，罗德里格斯配合那只狮子的姿势在它身上加上了一些斑纹使它更像一只"雄猫"。后来，还加入了星和条来做标志的背景。至于"Anytime Baby"的口

附录六：F-14常见问题Q&A

号，则是为了应对来自美国空军F-15战斗机的挑战，意为"随时奉陪"。

Q：网上流传很广的一张F-14低空飞过航空母舰的图片是否是真实的？

A：这张图片是真实的，完成这一惊世骇俗飞行动作的是美国海军中超一流的飞行员——戴尔·斯诺德格拉斯上校。他具有4800小时的飞行经验，1200次的着舰记录，驾驶F-14战斗机的时间更是长达25年之久。当时，斯诺德格拉斯上校从"美利坚"号航空母舰飞行甲板旁高速侧飞掠过。由于场面太过惊险，因此许多网上的朋友都以为是电脑合成的假照片。当然，这样做肯定是违反安全规定的，代价也不小，斯诺德格拉斯上校被停飞了整整30天（但在与斯诺德格拉斯上校的Email联系中，他声称做完那个

■戴尔·斯诺德格拉斯上校驾驶F-14完成的那次惊世骇俗的飞行动作。

动作后没有受到任何处罚）。但上校他自己觉得这样做很值得，因为作为一名海军战斗机飞行员，驾驶着"航母甲板上迄今为止最强的战斗机"，只有在不断的超高难度的飞行动作中才能体现自身最大的价值，尤其是在和平环境下，也算是孤独求败后对自身能力的一种挑战。

在斯诺德格拉斯上校整个服役生涯中，历任VF-142、VF-101和VF-41中队长、VF-43假想敌中队飞行员，VF-143和VF-101中队的执行官（CXO），VF-33中队长兼执行官。在其担任VF-33中队长期间，上校带领中队参加了1991年的"沙漠风暴"行动，先后34次与队友进入伊拉克中部和西部地区遂行战斗飞行任务。在谈到F-14战斗机时，已经退役的斯诺德格拉斯上校仍掩饰不住心中的激动："F-14是一架超级战斗机，除了庞大的体型，同一般战斗机最大的分别在于，它是空优战机，滞空时间长，航程远。至于操控系统、电子方面，F-14全是上个世纪60年代的科技，但F-14仍是现在世界上速度最快、航程最远、载弹量最大的战斗机（之一）。飞行方面，F-14是很能考验飞行员功夫的，较一般现代飞机要难得多，但是，由于它独特的可变后掠机翼、特殊襟翼的设计，它可以做出很多其他飞机做不到的动作来。而F-14B/D的F110发动机为F-14带来了近距离空战的新突破，F-14的机身简直就是为这样的发动机而造的，（F-14A的）TF30发动机只是政治和经济因素的产物，

F110令你感觉好像在飞火箭一样。F-14D的系统升级，令对空作战能力大大增强。还有LANTIRN（蓝盾/低空导航及红外线寻的系统），令F-14摇身一变成为一流的远程精确攻击机。未来，F-14将会成为全天候超级攻击机，当F-14退役时，它已经服役了近40年！想象一下，这相当于用二战时的F6F"地狱猫"战斗机来拦截20世纪80年代的利比亚MIG-23战斗机！"

Q：另外一张照片上，一架F-14左右机翼处于不同状态，是否也是真实的？

A：同样，这张照片也是真实的。这架F-14是第3架原型机（BuNO.157982），正在进行美国海军提出的非对称后掠翼测试，该系列测试在1985年12月19日到1986年2月28日间实施。格鲁曼公司的首席试飞员查尔斯·休厄尔完成了右翼锁定在20度后掠角，左翼分别在35度、50度、60度和68度后掠位置时的飞行测试。在一次飞行故障中，休厄尔发现在机翼后掠60度的情况下也成功进行了着舰操作，所以得出了60度为F-14着陆时机翼后掠角最大限度的结论。由于这种非对称后掠翼测试是刻意的升力实验，会造成左右升力严重失衡，所以是相当危险的。

Q：世界上第一个驾驶F-14的人是谁？

A：第一个驾驶F-14飞上蓝天的人是格鲁曼公司的试飞员鲍勃·史密斯，他驾驶1号原型机于1970年12月21日完成了"雄猫"的第一次飞行。同年12月30日，1号原型机在试飞过程中由于液压管金属疲劳，导致液压系统和后备液压系统发生故障而坠毁。于是，史密斯和后座领航员也成为了第一批从F-14战斗机中弹射逃生的飞行员。后来，史密斯还驾驶2号原型机完成了首飞。可以毫不夸张地说，鲍勃·史密斯是名副其实的"雄猫第一人"。

Q：F-111A轰炸机的可变翼部分都有挂架，为什么到了F-14就没有了？至少可以放个油箱什么的，像"狂风"那样？

A：F-14机腹下挂载AIM-54导弹，翼下挂载AIM-7、AIM-9导弹，再加上副油箱，全机重量已经很重了，再在可变翼部分添加挂架挂载武器装备的话，是不大可能进行空中格斗的。以"炸弹猫"的挂载为例，4枚AIM-54导弹、2枚AIM-7、2枚AIM-9和2个副油箱差不多已经是最大起飞重量，不可能再添加其他武器了。况且，如果这些武器在执行任务时没有用完，要全部带回来就会超过最大着舰重量。所以重量问题才是不设置可变翼挂架的主要原因，保持飞机气动外形、减少机翼复杂程度等方面的

■ 格鲁曼公司的首席试飞员查尔斯·休厄尔，其后是改为单座的第12架原机型1X。

凌云壮志　F-14"雄猫"战机传奇

■采用翼下挂架的F-111A轰炸机。

■采用翼下挂架的英国空军"龙卷风"F-3拦截机。

考虑倒是其次的。

Q：有些F-14中队的F-14垂尾上有中队标志，还有如AB这样的两个大写字母，它们代表什么意思？

A：这两个字母叫做垂尾代号（Tail Code），是美国海军舰载机联队的代号，同一航空联队下属的各中队的代号是一样的。N打头的隶属于太平洋舰队，A打头的隶属于大西洋舰队。垂尾代号一般是固定的，例如AB是第1舰载机联队（CVW-1），NH是第11舰载机联队（CVW-11），AJ是第8舰载机联队（CVW-8），AC是第3舰载机联队（CVW-3）等等。各个中队只是航空联队的一部分，垂尾代号只能说明一段时间内隶属于哪一个舰载航空联队而已，从中队史部分我们可以发现，大多数F-14中队进行过频繁的调动。从一个舰载机联队调到另外一个后，其垂尾代号就会进行相应的改变。例如VF-102在换装F/A-18F后不久就调到CVW-5替换先前的VF-154，所以垂尾上的代号就由在CVW-1时的AB变成了CVW-5的NF。

Q：常规中队的F-14，通常一年要飞多少个小时？主要是想知道服役了20多年的F-14机体寿命能到多少？

A：F-14最初的设计机体寿命为6000小时，但大部分都超过了这个时间，部分达到了7350小时，甚至可以延长至8000－9000小时。至于一年要飞多少个小时，一般应该在200小时以上。

■ 隶属于第1舰载机联队的VF-102的F-14，注意垂尾上的AB字样。

凌云壮志　F-14"雄猫"战机传奇

Q：在F-14座舱下方经常看到飞行员名字前面会加上CDR、LCDR之类的字样，请问它们代表什么意思？

A：CDR和LCDR都是美国海军军衔的缩写，具体设置请参照附表。

Q：F-14B/D的海平面爬升率是多少？网上很多资料是"大于150米/秒"，感觉好低呀！如果150米/秒是F-14A的数据，那么换装了F110发动机后"雄猫"的爬升率是否就很可观了？

A：根据较可靠的资料显示，F-14A由静止爬升到32500英尺，需时一分钟左右，平均爬升率大约是164米/秒。F-14D可以以每分钟50000英尺的速度爬升，其平均爬升率大约是252米/秒。当然这两个数据还不能直接相比，只能提供一个参考而已。

军衔（英文）	缩写	军衔（中文）
Seaman Recruit	SR	三等兵
Seaman Apprentice	SA	二等兵
Seaman	SN	一等兵
Petty Officer Third Class	PO3	下士
Petty Officer Second Class	PO2	中士
Petty Officer First Class	PO1	上士
Chief Petty Officer	CPO	三级军士长
Senior Chief Petty Officer	SCPO	二级军士长
Master Chief Petty Officer	MCPO	一级军士长
Warrant Officer	WO	二级准尉
Chief Warrant Officer	CWO	一级准尉
Ensign	ENS	少尉
Lieutenant Junior Grade	LTJG	中尉
Lieutenant	LT	上尉
Lieutenant Commander	LCDR	少校
Commander	CDR	中校
Captain	CAPT	上校
Commodore	CDRE	准将
Rear Admiral	RADM	少将
Vice Admiral	VADM	中将
Admiral	ADM	上将
Fleet Admiral		五星上将

换装F110发动机后，F-14D爬升到高空的相同位置需时要比F-14A少60%。

Q：F-14挂载导弹的话其组合有哪些？

A：在F-14执行战斗巡航任务时一般会挂载2枚AIM-9、2枚AIM-7、4枚AIM-54导弹，或者是2枚AIM-9、4枚AIM-7、2枚AIM-54导弹。而在进行近距离格斗任务时，则会挂载4枚AIM-9和4枚AIM-7导弹。

Q：F-14D能不能同时挂载4枚GBU-10炸弹？

A：当然可以了，GBU-10是2000磅级别的炸弹，F-14D完全可以挂载4枚，而且A型和B型也可以做到这一点。基本上，F-14可以用的炸弹都能带上4枚，如Mk-84、LGB和JDAM等，它们都是2000磅级别的。在起飞重量上是不成问题的，但降落到飞行甲板上时由于冲力过大，4枚2000磅的炸弹是不能同时带回来的。F-14有10个外挂点，可以携带4枚2000磅的炸弹、2枚AIM-9导弹（200磅）、1枚AIM-7导弹（500磅）或1枚AIM-54（一般情况下是AIM-7）、1个蓝盾吊舱（500磅）和2个外挂副油箱。

Q：看到好多F-14挂载6枚AIM-54导弹的照片上都没有发现携带副油箱，是否这种极限挂载情况下就不能携带副油箱？

■ 左舷上的文字说明这架F-14的飞行员和导航员的军衔都是LCDR（少校）。

凌云壮志　F-14"雄猫"战机传奇

A：不是这样的，1枚AIM-54导弹的重量是1000磅左右，和Mk-83炸弹的重量差不多，完全可以在满载"不死鸟"的情况下再挂上2个副油箱。但在现实情况中为什么没有看到这种情况出现呢？这主要是考虑到着舰的问题，F-14携带6枚AIM-54导弹降落时为了减少冲击必须放掉大部分的机内燃油，如果再加上副油箱，就必须在降落前将它抛弃，这样就会造成很大的燃油浪费。当然，配备具有超远距离攻击能力的AIM-54导弹后再挂载副油箱以获得很大的航程在使用上是不明智的。而且很少在实战中采

■(上及下)挂载6枚AIM-54导弹的F-14。

附录六：F-14常见问题Q&A

用6枚AIM-54导弹的配置，这样将严重影响F-14的机动性和加速性能，只是在测试或进行武力威慑的时候使用。

Q：从资料上看F/A-18C/D载弹量至少应该不会比F-14少，但怎么有些文章

■F-14挂载6枚AIM-54导弹和2枚AIM-9导弹。

里说前者的载弹量只有后者的一半，而且作战半径也只是后者的60%呢？

A：理论上F/A-18C/D可以挂载4枚2000磅的Mk-84炸弹，但是这样就只剩下一个外挂点可以挂副油箱了，作战半径就会大大缩小。如果挂上3个副油箱，就只能带2枚Mk-84了，这样就只是F-14的一半了。此时，F/A-18C/D的作战半径就只能是F-14的60%，而覆盖范围就差得更远了。当然，F/A-18E/F的作战半径有所提高，但仍然比不上F-14，而且它一般携带500/1000磅级别的炸弹，如4枚Mk-83炸弹（1000磅）等。而由于Mk-84太重了，所以F/A-18E/F是很少带它的。虽然F/A-18E/F可带8000公斤外挂，但油箱就已经占去了4500公斤，根本不可能再挂4枚Mk-84。

Q：如果没有蓝盾吊舱，F-14是否能够投放激光制导的GBU炸弹？

A：当然可以投放了，但投下后需要其他飞机进行激光照射引导，这和没有安装消音器的手枪同样可以射击是一样的道理。没有蓝盾吊舱，F-14同样具有对地攻击能力，如投放普通炸弹等。

Q：为什么有的图片上F-14发动机两个尾喷口一大一小不对称？

■停机时不对称的TF30发动机喷口。

A：TF30的可变喷口是由每个发动机上的后燃器供油系统控制的，而供油系统是由合并液压和飞行液压系统控制的。左边的发动机连接合并液压系统,右边发动机则连接飞行液压系统。F-14机上有一个"weight on wheels"开关和一个"weight off wheels"开关，是由主起落架的零件控制。飞机在地上的时候，会自动转为"weight on wheels"模式，发动机喷口会自动扩张至最大的状态，减低推力以避免对地勤人员造成伤害。飞机升空后，就会自动转换成"weight off wheels"的状态，除了燃点后燃器时，发动机的喷口都是在收缩状态,以增加推力。

上述两个开关需要电力控制,在没有电力供应时的预设状态是"weight on wheels"，因此喷口会收缩，这是出于安全上的考虑。万一飞行时出现电力系统故障,收缩的喷口也会为飞机提供足够的动力。由于右边的发动机是连接飞行液压系统,上面有一个Bi-Directional Pump（双向泵），确保在飞行中万一右发动机失灵，飞行液压系统也可以正常操作。关机的时侯，右边的发动机要先关掉，双向抽机关掉了，飞行液压系统失效，导致右发动机的后燃器供油系统都被关掉。由于这时候左发动机给"weight on wheels"开关提供了电力，因此右发动机的喷口仍是在扩张状态。当左发动机关机转速跌至55%时，合并液压系统还将运行一段时间。

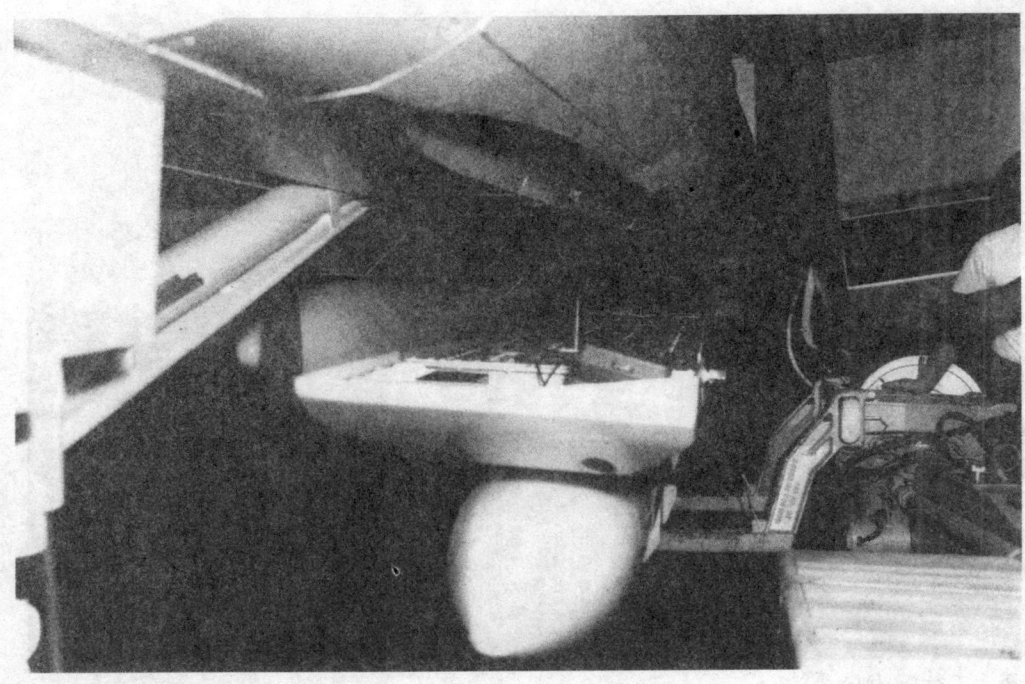

■ 运弹车上的升降装置抬升AIM-54导弹。

凌云壮志　F-14"雄猫"战机传奇

当左发动机关机的时候,由于电力不足,"weight off wheels"模式自动转成"weight on wheels"模式,喷口就收缩了。基本上,F-14B/D的F110发动机的情况也是相似的。

Q:据说F-14与米格-29曾经在空战中交过手,不知这个消息是否属实?

A:确有此事,2004年9月7日美国海军的VF-31的F-14D、VFA-25的F/A-18C、VFA-113的F/A-18D和VFA-115的F/A-18E先后与马来西亚皇家空军的米格-29在南中国海上空进行了模拟空战训练,其科目包括超视距空战、近距空中格斗等。

Q:F-14战斗机使用的燃油是不是和民航飞机使用的航空煤油一样的?

A:两者是不一样的,航空煤油只是一个泛指,军用的航空煤油在质量及使用环境要求上比民用的要严格很多。F-14使用的是符合美军标MiL-T-5624H的代号JP5的喷气燃料,它具有高闪点、大密度的特点。与之相对应,我国使用的是5号(RP-5)喷气燃料,英国则是DERD2498 JP-5B喷气燃料。

Q:F-14战斗机的最大超载是多少?

■手工挂载AIM-9导弹。

附录六：F-14常见问题Q&A

A：F-14战斗机的设计值为6.5G，但这个数值只是综合考虑人体、机体和机载设备的承受能力后定下的一个折中值，并不是绝对的。例如，F-14在挂载2枚AIM-9导弹和6枚AIM-54导弹后，在0.9马赫速度下最大超载可达8G，2马赫速度下可达6.5G。当然，安装了DFCS系统后F-14在机动性上有更大的提高。

Q：F-14战斗机的重量很大，而且还要携带AIM-54导弹，是否空中机动性能很差？

A：上面最大超载的问题我们已经看到了，F-14在满载导弹的情况下依然具有良好的机动性。一般认为F-14不灵活是因为具有较大的机身和重量，但是可变后掠翼却让它在较高的翼载荷条件下仍有极佳的机动性能。当然，面对翼载荷较低且剩余推力较大的战斗机时，F-14可能会有不利，但这是因为当初设计时强调BVR能力的结果。可是这并不表示一旦进入视距内空战，F-14就一定会处于劣势。

Q：F-14的单机价格是多少？有的资料说是3000万美元，有的则说是1亿美元？

A：一般而言，战斗机的单机价格会根据采购进度、当年币值、型号改进、研发经费分摊等因素而定，因而每年是不一样的。1972年的时候，F-14A只要1100万美

■ 挂载AIM-7导弹。

凌云壮志　F-14"雄猫"战机传奇

元,而到了1991年F-14D的单机价格就快接近1亿美元了。这种情况和目前F-22的采购是相似的,研制时间拖的越长,研发经费就越多,同时受通货膨胀的影响就越大。而且战斗机采购数量越少,平摊研发经费的架数就越少,单机价格自然就会很高。

Q：航空母舰上的F-14是如何挂载武器、吊舱等设备的?

A：目前为航母舰载机挂载武器大多数都是采用人工的方式,即几个武器管理员合力将导弹等抬至外挂点处进行挂接固定操作。这种方式安全可靠,而且运用起来非常灵活。有时也会使用一个类似卷扬机的装置,驱动挂架内的钢缆提升弹药,可以节省体力。这种装置F/A-18经常使用,F-14的外侧挂架也可使用。对于F-14的腹部四个挂架,可以靠人工抬,也可以将挂架拆下来,将弹药装到挂架上,然后一起使用人工滑轮组拉伸吊索将其提升。至于实在太重的设备,则利用运弹车上的升降装置抬到一定高度后进行挂载。挂弹车悬臂挂弹的方式在美国空军

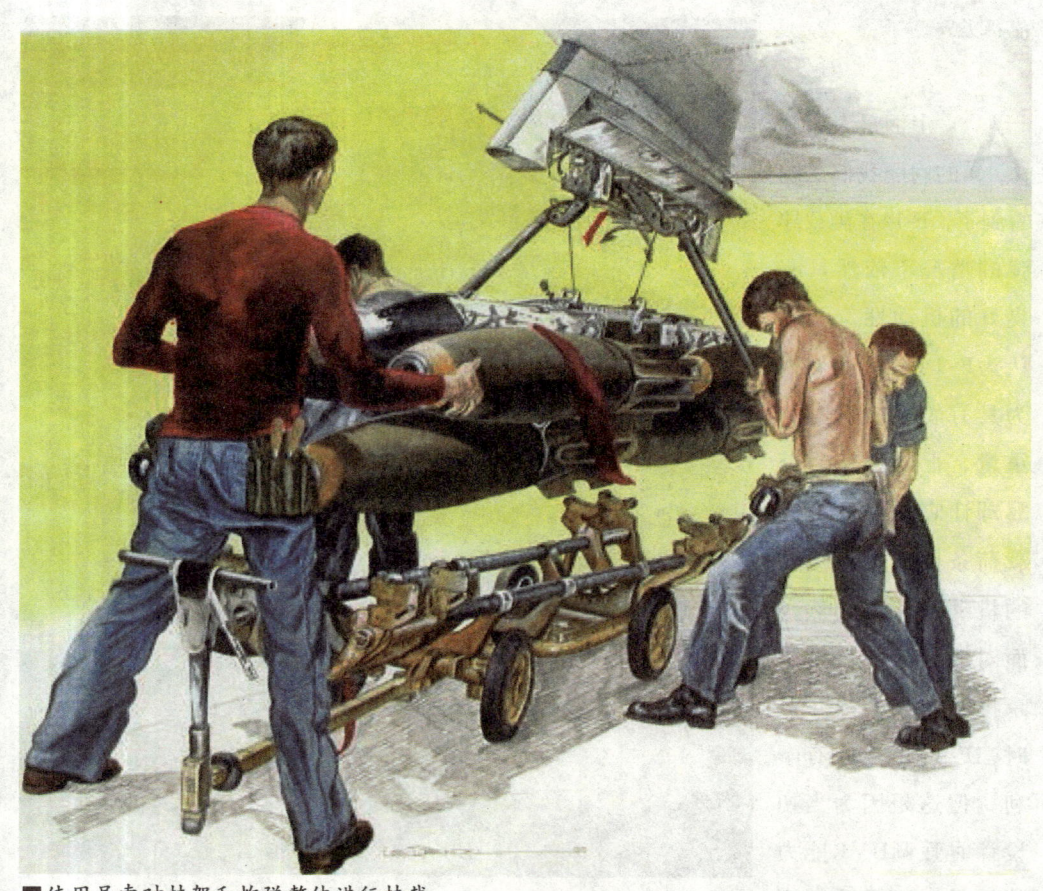

■使用吊索对挂架和炸弹整体进行挂载。

用得很多，而在海军的航母上则没有使用。

Q：脉冲雷达和多普勒雷达有什么区别？

A： 脉冲雷达是利用雷达波的回波信号来测定目标的高度、方位和距离，工作时需要不间断的调整天线的方向跟踪目标，实现对目标的测量和跟踪。多普勒雷达是利用多普勒效应，对目标进行测定，比普通雷达的抗杂波抗干扰能力强，可测出隐蔽在背景中的运动目标。脉冲雷达和多普勒雷达工作方式均为机械扫描，即转动天线来改变雷达波束方向的工作方式。相控阵雷达与前两种雷达的工作方式完全不同，它是将雷达天线做成一个平面，上面有规律地排列许多个辐射单元和接收单元，称为阵元。利用电磁波的相干原理，通过计算机控制输往天线单个阵元电流相位的变化来改变波束的方向，进行扫描，称为电扫描。接收单元将收到的雷达回波送入主机，完成雷达的搜索、跟踪和测量任务。与机械雷达相比，相控阵雷达的天线无需转动，波束扫描更灵活，能跟踪更多目标，抗干扰性能好，还能发现隐

美国海军各航空中队名称一览表

中队（英文）	缩写	中队（中文）
Helicopter Combat Support Squadrons	HC	战斗支援直升机中队
Helicopter Combat Support Special Squadrons	HCS	战斗支援直升机特别中队
Helicopter Mine Countermeasures Squadrons	HM	扫雷直升机中队
Helicopter Anti-submarine Squadrons	HS	反潜直升机中队
Helicopter Anti-submarine Squadrons Light	HSL	轻型反潜直升机中队
Helicopter Training Squadrons	HT	直升机训练中队
Electronic Attack Squadrons	VAQ	电子战中队
Carrier Airborne Early Warning Squadrons	VAW	航母预警机中队
Composite Squadrons	VC	混合中队
Fighter Squadrons	VF	战斗机中队
Strike Fighter Squadrons	VFA（VA）	战斗攻击机中队(旧称攻击机中队)
Fighter Squadron Composite	VFC	战斗机混合中队
Patrol Squadrons	VP	侦察巡逻中队
Patrol Squadrons Special Units	VPU	特别侦察巡逻中队
Fleet Air Reconnaissance Squadrons	VQ	舰队侦察中队
Fleet Logistic Support Squadrons	VR	舰队后勤支援中队
Fleet Logistic Support Squadrons Composite	VRC	舰队后勤支援混合中队
Anti-Submarine Squadrons	VS	舰队反潜中队
Training Squadrons	VT	训练中队
Air Test and Evaluation Squadrons	VX	测试与评估中队

凌云壮志　F-14"雄猫"战机传奇

形目标。

Q：如何快速地辨认F-14A/B/D？

A：F-14A可以看它尾部的TF30发动机喷口，而且机头下方的吊舱可能是IR+ECM/TCS+ECM或ECM的组合，此外其翼套小翼是最大区别，即使不打开也可看到其位置；F-14B的发动机是F110，机头下方吊舱必定是TCS+ECM的组合，翼套为密封的没有小翼，另外F-14B的升级版基本上还添加了圆形的GPS天线；F-14D也是安装的F110型发动机，机头下方为双吊舱IRST+TCS+ECM的组合，弹射座椅顶部没有拉环但有撞针，翼套下进气道旁的ECM天线被去掉。当然，除了上述的方法，通过机身涂装先判断出所属中队，然后推断其型号也是一个好方法。